KB091223

불확실한 세상

위기의 시대를 좌우할 열쇳말

불확실한 세상

박성민
조효제
박종현
최정규
노명우
이창익
박상표
강양구
김재영
김명진

사이언스북스
SCIENCE
BOOKS

미래는 주어지는 것이 아니다. 확실성은 더 이상

필요 없게 되었다. 이것을 인간의 패배라고 할 수 있을까?

나는 그 반대라고 믿는다.

— 일리야 프리고진,『확실성의 종말』

불확실한 세상에서도
가장 불확실한 땅에서 보내는 편지

K 선생님께.

메일을 받고서야 안심했습니다. 지난 2009년 1월 12일 아이티에서 상상을 초월하는 지진이 일어났다는 소식을 듣고 제일 먼저 선생님의 안부가 걱정이 되었습니다. 얼추 따져 보니 연초에 쿠바에서 아이티로 옮기신다는 이야기를 들었던 것 같아서요. 쿠바 아바나에서 며칠 더 묵으신다고 아이티 행을 미루셨다니 천만다행입니다. 아름다운 아바나의 해변 덕분에 큰 화를 면하셨군요.

아이티에서는 약 18만 명이 목숨을 잃은 모양입니다. 솔직히 말씀드리자면, 가난한 나라를 덮친 끔찍한 재해가 야속하면서도, 안도의 한숨을 내쉬었습니다. 이렇게 수십만 명의 목숨을 한순간에 앗아 가는 재해는 아이티의 포르토프랭스가 아니라 대한민국의 서울에서도 언제든지 일어날 수 있으니까요.

언제부턴가 '선진국' 타령이 넓게 퍼지면서 많은 사람이 재해는 먼 나라의 일인 양 생각하는 것 같습니다. 전 세계에서 전쟁 위험이 높은 곳을 꼽을 때 항상 빠지지 않은 한반도에서 사는 주제에 어쩌라고 이런 착각을 하는 것일까요? 굳이 전쟁이 아니더라도, 매년 태풍으로 수만 명의 이재민이 생기는 데도요.

그러고 보니, 1년 전 선생님이 한국을 훌쩍 떠나실 때도 이렇게 말씀하셨지요. "이 불확실한 나라가 정말 싫어!" 마침 미국에서 시작된 금융 위기 탓에 전 세계가 불안해하던 참이어서, 다들 선생님의 출국을 말렸습니다만 선생님의 뜻을 꺾을 수 없었습니다. 환송회 자리에서 한참 '불확실한 세상'을 화제로 많은 이야기가 오갔던 게 기억납니다.

그 자리에서 가장 입에 많이 오른 말은 '불확실성(uncertainty)'이었습니다. 마침 관심 분야가 제각각인 이들이 모인 터라서, 경제·정치·환경·문화·과학 등 여러 가지 분야에 걸친 다양한 이야기가 오갔습니다. 특히 선생님의 말씀이 인상적이었습니다. 다들 고개를 끄덕일 수밖에 없었으니까요.

"한국인의 삶 자체가 불확실성의 표본입니다. 불과 100년 전만 하더라도 한국인의 대다수는 평생 고향을 떠나는 일이 거의 없었습니다. 개인차가 있기는 했습니다만, 직업·결혼·양육·노후 등도 크게 걱정할 필요가 없었지요. 그냥 윗세대가 해 오던 대로 따라서 하면 그것만으로도 충분했기 때문입니다. 오늘날은 어떻습니까? 삶의 순간마다 불확실성과 대면을 해야 합니다. 물론 잘못 선택했을 때 그 대가도 크지요. 당장 2008년 가을에 무슨 일이 있었습니까? 하늘 높은 줄 모르고 치솟던 주가가 순식간에 반 토막이 났습니다. 결혼·양육·노후를 염두에 두고 월급을 쪼개서 주식을 사거나 펀드에 투자한 이들은 날벼락을 맞은 셈이었지요."

이런 선생님의 언급에 또 다른 선생님은 곧바로 정치 이야기로 맞받았습니다. 사실 한국의 정치 현실이야말로 선생님이 그렇게 훌쩍 한국을 떠나신 가장 큰 이유였던 것으로 짐작됩니다. 한국을 떠나시고 나서도 선생님은 보내시는 메일마다 정치 이야기를 하시곤 했습니다. 전(前)대통령이 고향에서 몸을 던졌을 때만 빼고요. 하긴 선생님은 그날도 이런 이야기에 침묵을 지키셨습니다.

"한국에서는 자기 이념대로 찍는 게 불가능합니다. 이념대로 찍었던 대통령이 5년 동안 뭘 했습니까? 이라크 파병, 자유 무역 협정 (FTA), 심지어 야당과의 연정을 제안했습니다. 이런 상황에서 과연 한국에서 나의 이해를 대변할 수 있는 정치를 기대하는 게 가능할까요? 불확실성을 증폭하는 불확실한 정치야말로 가장 큰 문제입니다. 부쩍 '소통'을 얘기하는 목소리가 높아졌어요. 그런데 서로 다른 세력이 소통을 통해서 합의를 하려면 전제가 있습니다. 바로 모두가 동의하는 게임의 규칙이 있어야지요. 그런데 바로 이 게임의 규칙이라고 할 만한 정당, 제도가 모두 불확실한 상황이잖아요. 이런 상황에서 어떤 정치 세력이 소통을 하려고 하겠어요. 당장 눈앞의 이익만 추구하기도 바쁜데요."

그날은 경제, 정치에 이어서 과학, 환경 영역에서 거론되는 불확실성의 문제를 놓고도 많은 이야기가 나왔습니다. 사실 그럴 만했지요. 2008년에는 미국산 쇠고기의 광우병 위험을 걱정하는 촛불 집회로 한국 사회가 들썩였던 데다가, 지구 온난화에 따른 기후 변화 문제가 전 지구적 환경 문제로 거론되는 상황이었으니까요.

그 자리에서 선생님은 제 태도를 의아해 하셨습니다. 몇몇이 이런 문제의 불확실성을 강하게 거론하자, 그것을 순순히 인정했으니까요. 아마도 선생님께서 생각하시는 환경주의자의 태도와는 다르다, 이렇게 생각하셨겠지요. 그러나 저는 여전히 이런 문제의 불확실성을 숙고하는 것이야말로 환경주의자의 올바른 태도라고 생각합니다.

기후 변화 문제만 놓고 이야기해 볼까요? 흔히 '회의주의자'라고 불리는 이들은 줄기차게 지구 온난화가 초래하는 기후 변화를 둘러싼 예측의 불확실성을 강조합니다. 맞습니다. 기후 변화 예측은 불확실합니다. 그러나 결론은 정반대입니다. 불확실성은 기후 변화에 대한 걱정을 덜어 주기는커녕 오히려 불안을 더욱더 자극합니다.

이런 불안을 가장 많이 토로하는 이들이 바로 평생에 걸쳐 기후 변화를 연구해 온 과학자들입니다. 그들은 턱없이 모자란 자신들의 능력으로 예측한 지구 온난화의 결과가 얼마나 불확실한지 누구보다도 잘 알고 있습니다. 그렇기 때문에 그들은 더욱더 불안합니다. 자신의 시뮬레이션이 미처 포착하지 못한 저편에 재앙이 있을 수 있기 때문입니다.

그날 그 자리에서 주고받았던 이야기들, 특히 과학, 환경 분야의 불확실성을 놓고 오갔던 짧은 이야기가 계속 머릿속에 남았습니다. 그래서 대중을 염두에 두고 국내에서 출간된 책 중에서 불확실성에 관한 것이 있는지를 살펴보았습니다. 아니라 다를까, 과학, 환경은 물론이고 다른 분야에서도 눈에 띄는 책이 없더군요. 바로 이 책이 탄생하는 계기였습니다.

혼자서 감당할 수 없는 벅찬 작업이었기 때문에, 책의 구상 단계부터 여러 분야의 필자가 참여하는 지금과 같은 모양이었습니다. 이런 작업이야말로 학문 간 교류의 첫걸음이라는 평소의 생각도 한몫했습니다. 선생님을 비롯한 여러분의 자문을 받아서 분야를 나누고(경제, 정치, 환경, 문화, 과학) 각 분야마다 가장 맞춤한 필자를 추천받았습니다.

필자를 선정할 때는 몇 가지 원칙이 있었습니다. 첫째, 해당 분야의 동료에게 신뢰를 받을 것. 둘째, 불확실성의 문제를 공동체의 미래와 연관해서 고민할 것. 셋째, 대중을 상대로 자신의 고민을 알리는 데 관심이 있을 것. 이 책의 필자들이 이런 원칙에 맞춤한 이들인지는 독자가 판단하겠지요.

선생님도 한번 평가를 해 주시기 바랍니다. 사실 선생님께서 필자로 참여하지 못하신 게 큰 아쉬움입니다. 환경 문제의 불확실성을 놓고 선생님께 글을 청탁했습니다만, 돌아올 기약 없는 여행을 핑계로 거절하셨으니까요. 애초 선생님의 글이 들어갈 자리에 제 이름이 들어간 게 이 책의 유일한 흠이 아닐까, 이런 생각을 하고 있습니다.

굳이 경제, 정치, 환경, 문화, 과학 이렇게 다섯 가지 분야로 나누게 된 이유도 부연하겠습니다. 특히 문화, 과학을 놓고 선생님은 기획 단계에서 걱정을 하셨습니다. 문화, 과학이 포괄하는 주제가 워낙에 많다고요. 그런 걱정을 염두에 두고 여러 가지 주제 중에서 특히 불확실성의 문제가 두드러진 것을 선택했습니다.

문화의 경우에는 별다른 이견 없이 성(聖)과 속(俗)이라는 주제에서 부각되는 불확실성의 문제를 조명해 보기로 했습니다. 이 주제는 인문·사회 과학이 오랫동안 고민해 온 주제일 뿐만 아니라, 더욱더 중요한 토론거리가 될 테니까요. 세계 곳곳에서 과학, 종교에 대한 열정이 병행하는 세상이 우리 앞에 펼쳐져 있으니까요.

과학도 막상 고민을 시작하니까 주제를 선정하기가 쉬웠습니다. '유전자 조작(GM)' 식품, 과학 기술 인공물을 둘러싼 사고 등 실험실을 벗어난 과학 기술이 주는 불확실성의 문제는 열거하기가 어려울 정도로 많습니다. 이런 문제에 어떻게 대응할지는 앞으로 두고두고 우리의 골칫거리가 될 테고요.

더구나 많은 사람이 착각하는 것과는 달리 과학은 더 이상 '확실한' 세상을 추구하지 않는 것 같습니다. 오히려 오늘날의 과학은 불확실한 세상을 그 자체로 인정하는 데서 자신의 새로운 연구 분야를 찾고 있습니다. 흔히 엄밀한 과학의 토대로 여겨졌던 수학, 물리학에서 바로 그런 변화가 진행 중입니다. 그 현장을 한번 맛보십시오.

우여곡절 끝에 책이 나오는 상황에서 어쭙잖은 의견을 말하자면, 대만족입니다. 한 가지 귀띔할 게 있습니다. 책을 읽다 보면, 전체를 꿰뚫는 공통의 문제 의식을 발견하실 수 있을 것입니다. 따로 입장을 조율하는 절차를 거치지 않았어도, 이렇게 아귀가 맞는 것을 보면서 모든 글의 첫 번째 독자로서 흥분을 느끼기까지 했습니다. (기획자의 특권이겠지요.)

짐작하시다시피, 이 책에 묶인 각각의 글은 나중에 한 권의 책으로 발전해도 손색이 없을 정도의 주제와 그것을 뒷받침하는 사례로 구성되어 있습니다. 앞으로 각각의 필자들이 이 책에서 단초로 제시한 자신의 주제를 다음 책에서 어떻게 풀어내는지를 확인하는 재미도 쏠쏠할 것 같습니다.

이 책을 읽다 보면, 한국 사회는 물론 21세기의 열쇳말이 된 불확실성을 놓고 각 분야마다 어떤 고민이 진행 중인지 한눈에 파악할 수 있습니다. 이런 고민을 갈무리하다 보면, 여러 가지 불확실성의 문제에 어떻게 대응할지 공동체의 지혜를 모으는 데도 도움이 되리라고 생각합니다.

이제야 긴 메일을 쓰는 속내를 드러내는군요. 불확실성의 문제는 결코 회피하는 것을 통해서 해결할 수 없습니다. 아무리 발버둥친들 불확실한 세상을 벗어날 수도 없습니다. 그렇다면, 어떤 방법이 있을까요? 그렇습니다. 불확실한 세상에서 살아남는 방법을 함께 모색할 수밖에 없습니다.

이런 방법은 새로운 것이 아닙니다. 수백만 년 전 아프리카 사바나에서 수렵·채집 생활을 즐기던 인류의 조상은 오늘날과 비교할 수 없을 정도로 많은 불확실성의 문제와 맞닥뜨려야 했습니다. 그들이 만약 이런 불확실성의 문제를 회피했다면, 오늘날 인류는 존재할 수 없었을 것입니다.

그러나 그들은 이런 불확실성의 문제에 공동으로 맞서 결국, 살아남았습니다. 아주 거친 가정이긴 합니다만, 이런 행동이야말로 인간 이타성의 기원이라고 생각합니다. 공동으로 맞서는 것을 주저한 이들은 '불확실성'이라는 이름을 가진 괴물의 먹이가 되기 십상이었을 테니까요.

선생님은 이제 며칠 후면 아이티로 가십니다. 확신하건대, 절망의 땅인 그곳에서 선생님은 불확실성의 문제를 공동으로 해결하며 희망을 찾는 공동체와 마주하실 것입니다. 그곳에서 보십시오. 그리고 한국으로 돌아오십시오. 이 불확실한 세상에서도 가장 불확실한 땅 한국은 정말로 함께 대응해야 할 문제가 많답니다. 『불확실한 세상』을 동봉합니다.

2010년 봄

강양구 드림

불확실한 지구

불확실한 과학과 기술

• 사진 제공 | 연합뉴스

1

불확실한 정치

박성민

조효제

생각하기 시작하려면 당신 앞에 영겁과 같은 시간이 필요하고, 작디작은 결정을 내리기 위해서도 무궁무진한 정력이 필요하다. 세상은 갈수록 밀도가 높아져 간다. 하잘것없는 과업들이 우리 주변에 얼마나 많이 널려 있는가? 불확실한 저울에 수평을 맞추려면 수많은 추를 올려놓아야 한다. 당신은 이제 조용히 사라질 수 없게 되었다. 이제 당신은 완전한 불확정의 상황 속에서 죽어 가게 되었다.

—장 보드리야르

한국인은 왜 불행한가?
불확실성의 정치학

박성민 | 정치 컨설팅 '민' 대표

한국인이 행복하지 못하다는 사실은 의문의 여지가 없다. 여러 나라의 여러 기관이 여러 가지 기준으로 조사한 행복 지수에서 한국은 일관되게 낮은 순위를 기록했다. 영국의 라이세스터 대학이 조사한 행복도 순위에서 한국은 100위 밖이었고, 국제 연합(UN)이 조사한 순위에서도 역시 100위 밖이었다. 앞의 조사에서는 덴마크가 1위였고 뒤의 조사에서는 듣도 보도 못한 남태평양의 바누아투라는 나라가 1위였다. 이 외의 수많은 조사에서도 결과는 비슷했다. 선진국이 앞선 순위로 나오는 기준이든, 후진국(예컨대 방글라데시)이 앞선 순위로 나오는 기준이든 한국의 순위는 항상 뒤에서 세는 것이 빠르다.

왜 한국인은 행복하지 못하다고 생각하는 걸까? 경제적 이유 때문일까? 그럴 수 있다. 돈은 건강과 함께 행복도에 가장 크게 영향을 미치는 요소임은 분명하니까. "뭐니 뭐니 해도 머니가 최고"라는 말은 체험으로 검증된 삶의 '통찰력'을 반영하고 있다. 그러나 행복 경제학을 연구하는 이정전의 조사에 따르면 1인당 GDP가 2만 달러를 넘으면 소득은 행복에 그다지 영향을 미치지 못한다고 한다. 한국은 그 언저리에 와 있으니까 돈이 행복에 절대적 요소이던 시대는 벗어나고 있는 셈이다.

사실 행복감은 상대적이고 주관적이며 심리적인 것이어서 객관적인 지표를 통해 '개인의 행복'을 측정하는 데는 한계가 있다. 그럼에도 불구하고 사람들은 우주의 기원을 찾듯 행복의 조건을 찾는다. '사람을 행복하게 하는 조건은 무엇인가?'는 동서고금에 던져진 가장 중요한 실존적 질문 중 하나다. 인간에게 '행복한 삶'은 존재의 이유다. 사람은 불행하다고 느끼는 순간 존재에 대해 회의를 하고 극단적 선택을 하기도 한다. 때문에 이에 대한 질문과 답은 인류가 존재하는 한 계속될 수밖에 없다.

이 질문에 대한 답은 때와 장소와 사람에 따라 달랐고 지금도 계속 달라지고 있다. 동화 작가 고정욱은 "교육"이 행복의 최대 조건이라고 대답했고, 한 여성 소설가는 "자기가 갖고 있는 것을 사랑하면 행복하고 못 갖고 있는 것을 사랑하면 불행하다."라고 했다. 보통 사람들은 자신과 가족이 건강하고, 화목하며, 경제적으로 여유가 있으면 행복하다고 느낀다. 사회적 지위나 명예가 행복감에 더 영향을 준다고 믿는 사람들은 성취감이나 자존심이 훨씬 중요한 요소라고 생각한다. 신앙심이나 감사하는 마음, 혹은 긍정적 사고 같은 정신적 만족이 더 중요하다고 믿는 사람들은 객관적 조건은 그다지 중요한 요소라고 보지 않는다. 못사는 나라의 사람들이 행복 지수가 높은 이유도 아마 그 때문일 것이다.

　그러나 사실 행복은 무엇을 가지고 있느냐보다는 무엇을 가지고 있지 못하느냐에 따라 결정된다. 그러니까 행복 지수는 불행에 미치는 요소를 얼마나 제거할 수 있느냐에 달려 있는 것이다. 철학자 카를 포퍼는 『추측과 논박』에서 "추상적인 선의 실현을 위해 힘쓰기보다는 구체적인 악의 제거를 위해 힘쓰라."라고 말했다. 그는 "정치적인 수단을 사용해 행복을 이룩하려고 하지 마라. 오히려 구제척인 불행을 없애려고 노력하라."라고도 말했다.

| 한국인은 왜 불행한가? |

　다시 질문해 보자. 사람을 행복하게 하는 가장 큰 조건은 무엇인가? 답은 사람마다 다르겠지만 수천 년에 걸친 이 질문에 가장 많이 나온 공통 대답은 '자기 삶을 자기가 결정하는 것'이다. '자유'와 '자율'이 행복의 가장 큰 요소라는 것이다. 이를 뒤집어서 말하면 '자기 삶을 다른 사람이 결정하는 것', 즉 '구속'과 '타율'이 불행의 근원이다. 그러니까 자유를 위한 인류의 투쟁의 역사는 사실은 행복을 위한 투쟁의 역사였던 것이다.

　자기 방문을 누가 잠그느냐는 굉장히 중요한 문제다. 구속된 사람은 자기 방문을 잠글 자유를 빼앗긴 사람이다. 행복과 불행은 자유와 구속에서 갈라진다. 삶의 결정권을 타인에게 빼앗긴 사람은 행복할 수 없다. 앞으로 일어날 일을 알지 못하고 끌려 다니는 사람이 행복할 리가 없지 않은가. 누구나 학교나 군대에서 선착순을 돈 경험이 있을 것이다. 선착순 돌기가 힘든 이유는 언제 끝날지 모르기 때문이다. 만일 열 바퀴를 돌면 끝난다는 사실을 알고 뛴다면 겨우 세 바퀴만 돌더라도 언제 끝날지 모르고 뛰는 것보다 훨씬 힘이 덜 든다. 등산도 마찬가지다. 얼마나 더 가야 하는지, 어디가 위험한 곳인지 알고 가는 것과 아무것도 모른 채 그냥 뒤따라가는 것은 힘들기가 비교할 수 없다. 낯선 환경, 불확실한 상황은 사람을 불안하게 만든다. 입소 첫날의 군대 훈련소와 검진 결과를 기다리는 병원 대기실에서 웃음을 찾아보기는 어렵다. 영화는 다르다. 무서운 공포 영화라 하더라도 영화가 시작된 지 10분도 안 되어 주인공이 죽을 리는 없으므로 아무리 주인공이 위기에 처한다 하더라도 영화를 편하게 볼 수 있다. 그러나 현실은 영화가 아니다. 시작하자마자 주인공이 죽을 수도 있다.

결국 한 나라의 행복 지수는 그 사회가 얼마나 예측 가능한가에 따라 결정된다. 행복 지수를 측정하는 기준에 따라 잘사는 나라가 앞 순위에 나오든 아니면 못사는 나라가 앞 순위에 나오든 이 나라들의 공통점은 '미래'가 예측된다는 것이다. 내일 무슨 일이 벌어질지, 한 달 뒤에는 무슨 일이 벌어질지, 또 1년 뒤에는 어떤 일이 벌어질지 알 수 있는 사회가 행복한 사회다. 행복 지수가 높은 잘사는 나라는 제도적으로 안정되어 있고, 전쟁이나 테러의 위협이 없으며, 복지 수준이 높아 최악의 사고를 당해도 충분한 도움을 받을 수 있다는 확신이 있다. 행복 지수가 높은 못사는 나라는 일상의 변화가 느리고, 전쟁의 위협으로부터 자유로우며, 치열한 경쟁이 필요 없는 사회다. 두 사회 모두 '깜짝 놀랄' 일이 별로 없다. 이 사회들은 환한 대낮의 고속 도로와 같다. 수 킬로미터 앞이 내다보이고 주변의 풍경도 다 볼 수 있는 여유 있는 사회다. 상황을 충분히 예견할 수 있으므로 자율적인 계획이 가능하다.

반면 한국은 어떤가? 아침에 신문을 보기가 겁나는 사회다. 가슴이 철렁 내려앉는 일이 일상으로 일어난다. 캄캄한 밤에 구불구불 굽은 낭떠러지 산길 같은 사회다. 수 킬로미터는 고사하고 고작 몇 미터 앞도 안 보인다. 곳곳에 지뢰가 도사리고 있는 '위험 사회'다. 한국 사회의 불확실성은 곳곳에서 우리를 깜짝 놀라게 한다. 한 전직 대통령은 자기 참모들에게도 "깜짝 놀랐제?"라는 말을 자주 할 만큼 깜짝쇼(!)를 즐겼다.

경쟁이 주는 압박감에 사회 전체가 숨이 막히고 일자리나 노후에 대한 불안이 가슴을 답답하게 해도 그것들은 어느 정도 예상된 것으로 마음의 준비가 가능한 고통들이다. 정말 심각한 문제는 해마다 입시 제도가 바뀌고 선거 때마다 선거법이 바뀌는 등 사회 모든 분야의 '예측 가능성'이 현저히 낮다는 것이다. 법과 제도가 너무 자주 바뀌어 도무지 계획을 세울 수가 없다. 심지어는 헌법도 너무 자주 바뀌어 방송 도중 누군가가 7월 17일을 제헌절이라고 말한다는 것이 그만 개헌절이라고 부르는 해프닝도 있었다.

여든이 넘은 원로 한 분은 한국 사회의 '불확실성'과 한국인의

'불안'을 한국 현대사가 낳은 기형아로 진단했다. 식민지 시대에 태어난 그분의 자전적 고백에 따르면, 식민지 시대가 그렇게 '빨리' 끝날 것으로 예상하지 못하고 이런저런 계획을 세웠는데 1945년 갑자기 해방이 되자 원점에서 계획을 다시 세울 수밖에 없었다. 1948년 대한민국이 건국되자 계획을 또 수정할 수밖에 없었는데 불과 2년 뒤 전쟁이 나서 그마저도 없던 일이 돼 버렸다. 그 뒤 5·16이 나자 또다시 모든 것이 원점으로 돌아갔고 1972년 유신 이후에도 그랬다. 1980년에도 세상은 다시 출발점으로 돌아갔다. 1987년 대통령 선거 직후인 1988년 총선에서 여소야대가 되자 뭔가 변화가 오는 듯싶었는데, 1990년 3당 합당으로 민주자유당이 출범하자 그것 역시 몇 걸음 못 갔다. 1997년 외환 위기와 정권 교체로 기존 질서의 붕괴가 시작되는가 싶더니 2002년 대선 이후에는 마치 해방 이후를 보는 것 같은 착각이 들 정도로 '불확실성'이 증대되어 인생의 산전수전 다 겪은 자신도 '불안'했다는 것이다. 그러다가 2007년 다시 정권 교체가 되자 전에도 그랬던 것처럼 이번에도 대부분 원대 복귀하고 있다. 그분의 말처럼 한국인의 삶이 고단한 것은 한국 현대사가 말 그대로 좌충우돌했기 때문이다.

거기다 코리아 디스카운트의 기본 리스크인 북한은 안 그래도 불확실한 한국 사회에 불안을 배가시킨다. 서해 교전과 같은 군사적 충돌, 핵 실험과 미사일 발사, 금강산이나 개성에서의 돌발 행동 등으로 북한은 국제 사회에 한반도가 '불확실한' 곳이라는 사실을 잊지 않도록 틈틈이 거든다.

그러나 누가 뭐래도 한국 사회 불확실성의 주범은 단연코 정치다. 그러니까 한국인의 행복 지수를 100위 밖으로 끌어내린 상당한 책임은 정치에 있다는 이야기다. 이는 정치의 본령을 망각한 행위다. 정치는 원래 불확실성을 없애는 것을 목적으로 한다. 정치에 관한 수많은 정의가 있지만 그중 가장 훌륭한 것은 'Agenda를 Non-Agenda로 바꾸는 기술'이라는 것이다. 이슈가 될 것을 정치권이 대화와 타협을 통해 이슈가 되지 않게 하는 것이 정치라는 것이다. 한마디로 말해 정치란 '불확실'을 '확실'로 바꿔 대중들이 미래를 예측할 수 있도록 '가시 거리'를 길게 확보해 주는 기술인 것이다. 좋은 정치란 대중이 그 존재를 느끼지 못하도록 새벽에 쓰레기를 몰래 치우는 청소차와 같은 것이다.

그런데 어찌 된 영문인지 한국의 정치는 여름 대낮의 아파트 단지에서 수박 파는 트럭처럼 시끄럽게 떠들어댄다. 오히려 Non-Agenda도 Agenda로 바꾸는 데 탁월한 능력을 발휘한다. 헌법에 보장된 대통령의 임기 5년을 중간에 그만두고 싶다고 한 대통령이 있는가 하면 건국 이래로 10년 이상 같은 이름을 유지하는 데 성공한 정당이 단 3개(!)에 불과할 정도로 어제까지 멀쩡하던 정당이 오늘은 갑자기 문을 닫기도 한다. 공직의 안정을 위해 '임기제'를 도입해 놓고는 임기를 지키려는 사람을 '분위기 파악 못 하는 바보'로 만들어 기어이 내쫓는다.

| 한국 정치의 불확실성 |

한국 정치의 불확실성은 두 가지 방향에서 온다. 하나는 한국 정치, 혹은 한국 사회가 아직도 선진국을 따라 잡지 못하고 뒤처져서 발생하는 문제와 또 하나는 한국 사회의 변화가 너무 빨라 기존의 정치적 규범이 따라가지 못해 발생하는 문제다. 세계에서 변화가 가장 빠른 탓에 한국은 후진적 요소와 선진적 요소가 사회 곳곳에 뒤섞여 있다. 이 정도의 경제 규모와 소득 수준에 도달한 국가 중에서 의회에서 해머, 전기톱, 소화기까지 동원해서 폭력을 휘두르는 나라는 한국밖에 없다. 그것도 어쩌다 한번 우발적으로 일어난 일이 아니라 수시로 일어난다. 이런 일이 세계 최첨단의 'IT 공화국'에서 벌어졌다는 사실을 믿을 수 있는가? 외국인들은 한국인들의 영어에 두 번 놀란다고 한다. 그 어려운 문법을 그렇게 잘 안다는 데 놀라고 그런 사람조차 영어를 한마디도 못한다는 데 다시 놀란다. 또 외국인들은 비슷한 이유로 한국 경제의 실력에 놀라고 한국 정치의 수준에 놀란다.

선진 정치와 후진 정치는 '제도'에 의한 운영인가 아니면 '사람'에 의한 운영인가에서 갈린다. 선진 정치는 사람의 실수로 문제가 발생해도 그것을 계기로 법과 제도라는 시스템을 바꾸는 능력이 뛰어난 반면 후진 정치는 시스템에 구멍이 뚫리는 중대한 문제가 발생해도 결국은 사람 탓으로 돌리고 눈감고 만다. '리스트 공화국'이라는 오명은 그렇게 만들어진다. 선진 정치는 '섹스 스캔들'과 같은 지극히 '사적'인 일이 발생해도 개인의 책임을 묻는 것과는 별개로 규정, 법, 제도를 고쳐 나가는 반면 후진 정치는 정치인이나 전직 국가 정보 기관의 수장이 국가 기밀을 누설하는 중대한 일이 벌어져도 나라 안의 전 언론은 온갖 '이름'만 써대기 바쁘지 누구 하나 나서 법과 제도를 개선할 의지를 보이지 않는다. "실세 아무개가 물러나야 한다.", "누구의 이름도 나왔다더라.", "그 사람마저 그럴 줄 몰랐다.", '측근' '실세', '3인방'이니 온통 사람에게만 관심이 있다.

시스템에 대한 고민이 부족하니 한국 정치는 유난히 개인의 '도덕성'에 의존한다. 그러나 정치는 도덕군자가 하는 것이 아니다. 이기적이고 탐욕스럽고 저급한 사람이라 하더라도 시스템에 의해 통제될 수 있어야 한다. 사회 전 분야에서 그러한 시스템을 만드는 것이 정치가 할 일이다. 사회가 개인의 감정이나 판단 혹은 도덕이 아니라 시스템에 의해 움직여야 미래를 안정적으로 예측할 수 있다.

불과 얼마 전인 1990년대만 하더라도 한국 사람은 질서 의식이 부족했다. 어딜 가나 새치기는 당연시되었다. 지금 와서 생각해 보면 얼굴이 화끈거릴 정도로 부끄러운 일이지만 '질서를 지킵시다.', '새치기를 하지 맙시다.' 하는 캠페인을 국가 원로들까지 나서서 했을 정도다. 요즘도 도로에서는 얄밉게 끼어드는 차들이 여전히 있다. 그러나 적어도 줄서서 기다리는 장소에서 새치기는 거의 사라졌다. 왜 그렇게 됐을까? 캠페인이 효력을 본 것일까? 아니면 한국인의 의식이 갑자기 선진화된 것일까? 물론 그런 면도 있을 것이다.

그러나 결정적인 것은 '대기 번호표'의 도입 때문이다. 요즘은 은행, 병원, 극장, 식당뿐만 아니라 웬만한 서비스 센터에 가도 자연스럽게 번호표를 뽑고 자기 차례를 기다린다.

시스템이란 바로 이런 것이다. 누구에게도 '특권'을 주지 않고 '공정'하게 '기회'를 주는 것이다. 이것은 공정하기도 하지만, 더 중요한 것은 자기가 얼마나 더 기다려야 하는지를 예측할 수 있게 해 준다는 것이다. 예측이 가능하면 계획을 세울 수 있다. 화장실을 다녀올 수도 있고 시간이 더 걸릴 것 같으면 다른 급한 업무를 처리하고 올 수도 있다. 정치가 하는 일이 바로 이것이다. 문제의 책임 소재를 사람에게서 찾지 않고 법과 제도의 시스템의 개선을 통해 '불확실성'을 제거해 가시 거리가 긴 대낮의 고속 도로와 같은 '예측 가능성'을 높여 주는 것이다.

선진화란 이런 것이다. 법과 제도를 통해 '공정성'과 '예측 가능성'을 높여 모두가 수긍하는 '신뢰'를 확보하는 것이다. 그러나 공정한 규칙이 만들어졌다고 해서 불확실성이 저절로 해결되는 것은 아니다. 모든 사람이 그 규칙을 지켜야만 비로소 시스템이 돌아가는 것이다. 그렇지 않으면 아무리 훌륭한 시스템도 망가진 고물 같은 흉물로 변하고 만다. 축구 선수가 심한 반칙을 하면 경고가 주어지고 그래도 다시 그러한 반칙을 하면 퇴장시킨다. 아주 과격한 반칙의 경우에는 경고 없이 바로 퇴장시킨다. 번호표를 뽑았으면 자기 차례가 올 때까지 기다려야지 중간에 번호표를 무시하고 중간에 생떼를 쓰는 사람이 나타나면 순식간에 신뢰가 무너지고 아수

라장이 될 것이다.

한국 정치가 꼭 그 꼴이다. 이미 선진적인 법과 제도를 상당히 도입했지만 도무지 지킬 생각을 하지 않는다. 입만 열면 선진화와 공정을 찾으면서도 실제로는 도로에서 염치없이 끼어들기를 하듯 새치기를 한다. 국회 개원, 국회 의장 선출, 상임위 구성, 법안 심사와 처리 절차, 예산 처리 시한이 다 정해져 있지만 지키지 않는다. 지키지 않을 뿐만 아니라 폭력적 반칙을 하고도 경고하는 심판에게 오히려 거칠게 항의하고 감독은 걸핏하면 선수들을 경기장 밖으로 불러낸다.

정치가 불확실성을 제거하기는커녕 정치 자체가 불확실성의 상징이 되었다. 한국 정치는 경고 없이 바로 퇴장시켜야 할 판이다. 선진화는 시스템이 있다고 저절로 되는 것이 아니다. 선진화는 반칙을 용납하지 않는 '시스템'과 특권을 바라지 않는 '의식'이 함께 있어야 비로소 이루어진다. 그런데 반칙과 특권을 요구하는 기득권이 정치에만 있을까?

우리의 산업화가 나름 쉬웠던 이유는 아무것도 없는 폐허에서 새로운 특권을 만들었기 때문이다. 저항할 기득권이 없었던 것이다. 민주화는 산업화 때 생긴 기득권의 저항이 있었기 때문에 좀 더 어려웠다. 선진화는 훨씬 어렵다. 기득권이 사회 곳곳에 광범위하게 뿌리를 내리고 있기 때문이다. 정계, 학계, 경제계, 언론계, 노동계, 교육계, 관계, 법조계, 종교계 등 모두가 기득권을 빼앗기지 않으려고 격렬하게 저항한다. 특권은 개혁을 거부한다. 이념이나 그럴

듯한 명분으로 포장하지만 내 밥그릇은 못 내놓겠다는 심사다. 불공정의 장벽을 쌓아 놓고 이런저런 핑계를 대며 기득권을 합리화한다. 남들에게는 공정을 요구하면서 자기는 새치기할 틈만 엿보고 있는 것이다. 신뢰가 무너지면 질서도 무너진다. 그 순간 불확실성은 급상승한다.

| 변화를 가로막는 정치 |

한국 정치의 후진적인 병폐는 어제오늘 일도 아니고 한두 가지도 아니다. 지역주의 정당에다 보스가 걸핏하면 정당을 만들었다가 없앴다 하는 사당(私黨)이다. 오죽하면 건국 이후에 생겨난 그 많은 정당들 중에 10년을 넘긴 정당이 3개뿐일까? 그나마 강력한 영향력이 있었던 3김이 은퇴한 후 보스의 영향력이 점점 약해지는 추세라는 것이 다행이다. 이제는 혼자서 당을 쥐락펴락하던 시대는 끝나 가고 있다.

그러나 한국 정당의 치명적 결함은 이념과 가치에 기초한 '동지(同志)'들의 결사가 아니라는 것이다. 본디 정당은 '당파성'을 띠게 되어 있다. Party는 Part에서 온 것이지 않은가? 정당은 모든 사람을 대변하게 고안된 것이 아니다. 많은 사람들이 한국의 정당들이 국익을 뒤로한 채 이념 전쟁을 벌인다고 하지만, 그렇게라도 이념에 충실하다면 차라리 다행이다. 정작 문제는 한국 정치가 아직 '동지'라는 말을 쓰기는 하지만 이미 오래전에 '동지'는 사라졌다는 사실이다. 한국 정당은 단지 이해 관계에 따라 모인 '동업자' 집단일 뿐이다. 더 한심한 것은 그나마 동업은 나눌 수 있는 이익이라도 있어서 쉽게 헤어지지도 못하지만 단지 오갈 데가 없어서 함께 사는 '동거' 수준이라는 데 한국 정치의 심각성이 있다.

　형편이 이러하니 정당이 제 기능을 할 리 만무하다. 한국 정당의 후진성과 불확실성을 여실히 보여 주는 증거는 공천이다. 그나마 대통령 후보를 뽑는 과정은 나름대로 자리를 잡아 가는 중이다. 문제는 총선과 지방 선거의 공천이다. 선거 때만 되면 요란하게 외부의 명망가를 공천 심사 위원장으로 영입하고는 매번 '개혁 공천'을 부르짖는다. 그럴듯한 공천의 기준도 발표하고 후보들이 제출한 서류도 꼼꼼히 심사하고 면접도 실시한다. 그러고는 3~4배수의 후보로 압축한다. 물론 이 과정에서 탈락자들은 자기들이 왜 탈락했는지 납득하지 못하기 때문에 쉽게 승복하지 않는다.

　공천 심사 위원회는 '전략 지역'이라는 것을 지정해서 일방적으로 후보를 내려 보낼 권한을 확보한다. 전략 지역으로 지정되면 그 지역의 후보들은 아무것도 할 수가 없고 그저 당의 처분만 기다리게 되는 신세가 된다. 대부분의 후보들도 자신들이 경선을 하는지, 아니면 여론 조사로 결정하는지, 전략 지역으로 지정되는지, 아니면 면접으로 결정하는지 전혀 알지 못한 채 기다린다. 당연히 정보를 얻어 듣기 위해 동분서주하게 되고 조금이라도 영향력이 있는 사람들은 죄다 찾아가서 읍소하게 된다. 이런 과정을 거치다 보면 나름대로 사회에서 일가를 이뤘다는 자존심은 여지없이 무너지게 되고 힘 있는 실세들에게 충성을 맹세하는 무기력한 신세로 전락한다.

더 충격적인 것은 이런 일들이 정치 초짜들에게만 해당되는 게 아니라는 사실이다. 당연히 받을 줄 알고 맘을 푹 놓고 있던 중진들도 거의 '학살'에 가까운 비보를 듣고는 배신감에 치를 떤다. 그렇게 공천을 해 놓고는 공천 심사 위원장은 그런 공천이 켕기는지 "다소 억울한 탈락자들이 있을 수 있지만 대체로 공정한 공천이었다."라고 발표하지만 이 말은 누구보다 자신이 믿지 않는다. '억울한 공정'이 있을 수 있는가? 공정하면 억울하지 않고 억울하면 공정하지 않은 것이지 그런 궤변이 어디 있는가? 공천 발표가 있고 나면 결과를 승복할 수 없는 후보들의 거센 항의로 정당은 기능이 잠시(1) 마비된다. 그러고는 이내 아무 일도 없었던 듯 정상 업무로 복귀한다.

이것이 한국 정당의 공천이다. 공천 과정은 한국 정치가 얼마나 예측 불가능한지를 극명하게 보여 준다. 한마디로 한국 정당의 공천은 '엿장수 마음대로'다. 대학도 이렇게 학생을 뽑지는 않는다. 기업도 이렇게 사원을 뽑지는 않는다. 그래도 거기는 기준도 있고 절차도 투명한 편이어서 떨어진 사람도 승복한다. 하나를 보면 열을 안다고 정치에 입문하는 공천부터 이 모양이니 어떤 정치인이 소신대로 정치를 할 수가 있겠는가? 정치인들은 '비열한 거리'에서 살아남아야 하는 '조폭' 신세가 되었다. 충성심을 의심받지 않으려고 누가 시키기도 전에 알아서 기꺼이 '행동대원'이 된다. 정치인들의 처지가 이 지경이니 이런 정치인들에게 한국 사회의 공정한 시스템을 기대할 수 있겠는가?

공천과 더불어 한국 정치를 불확실하게 하는 또 하나의 뇌관은 '돈'이다. 세상 사람 모두가 돈으로부터 자유롭기가 쉽지 않지만 정치인은 특히 더하다. 돈 때문에 감옥에 다녀온 정치인도 꽤 되지만 웬만한 정치인치고 돈 때문에 검찰 수사를 받지 않은 정치인이 드물 정도로 정치 자금은 정치인의 아킬레스건이다.

세상에는 모든 사람들이 다 아는 듯이 이야기를 하지만 사실은 거의 대부분의 사람들이 모르는 것이 있다. 그중 대표적인 게 고전이다. 오죽하면 '고전이란 누구나 읽어야 하는 것이라고 말하지만 사실은 아무도 읽지 않는 책'이라고까지 했을까? 이와는 반대로 세상 사람들이 모두 알지만 대부분의 사람들이 모르는 듯 공개적으로 말을 하지 않는 것이 있는데 포르노가 그런 것이다. 정치 자금은 대중에게 고전 같은 것이고 정치인들에게는 포르노 같은 것이다. 대중은 정치 자금에 대해 거의 모르면서도 마치 잘 아는 듯 엄밀한 도덕적 잣대로 비판한다. 정치인들은 정치 자금에 대해 너무나 잘 알지만 누구도 꺼내놓고 말하지 않는다.

누구나 돈 문제로 비판하기는 쉽다. 그러나 법이란 현실적이어야 한다. 이상과 현실의 거리가 너무 멀면 사람들은 대부분 이상을 일찌감치 포기하고 현실과 타협한다. 고전을 좀 더 쉽게 접할 수 있는 방법을 찾아내지 않으면 대중은 고전을 읽기보다는 여전히 포르노를 더 볼 것이다. 지키지도 못할 비현실적인 법을 만들어 놓고 모든 정치인들의 운명을 검찰이나 법원 같은 비선출직 관료들의 손에 맡겨 놓는 것은 공화주의의 위기를 초래할 뿐이다.

물론 이런 상황을 이해할 수는 있다. 정치인들이 과거에(물론 지금 도 그럴 수 있다고 보지만) 저지른 부정부패에 대한 일종의 역사적 징벌이 다. 그런데 미국은 왜 정치 자금을 합법적 틀 내에서 투명하게 걷어 서 투명하게 쓰기만 한다면 사실상 무한대로 쓸 수 있도록 허용했 을까? 미국은 그것이 '민주주의를 위한 비용'이라고 인정했기 때문 이다. 비선출 권력(검찰, 법원, 관료, 선관위)이 선출 권력(대통령과 국회 의원)을 마음만 먹으면 사법 처리할 수 있다면 그것은 민주주의가 제대로 작동하지 않는 것이다. 그럴수록 정치 자금의 조달은 불투명해지 고 정치는 언제 터질지 모르는 불확실성의 폭탄을 몸에 두르고 있 는 것이나 마찬가지인 상황에 처하고 만다.

불확실성을 야기하는 한국 정치가 가진 또 하나의 치명적 후진 성은 상대를 타도해야 하는 적으로 대하는 태도다. 정치는 전쟁이 아니다. 전쟁도 정치의 연장으로 보는 시각도 있지만 그것은 어디 까지나 국제 정치에 국한된 인식이다. 정치는 민주주의와 공화주 의의 철학과 원리 안에서 움직이는 협상과 타협의 기술이다. 정치 는 상대를 죽여서도 안 되고 죽일 수도 없다는 전제 위에서 작동되 는 사회 제도다. 협상은 모든 것을 다 얻을 수 없다는 것을 알고 하 는 것이기 때문에 적당한 타협으로 끝나는 것이 당연하다. 소시지 만드는 공장과 정치의 협상 과정은 절대 들여다보지 말라는 격언 이 있다. 도저히 역겨워서 볼 수 없다는 것이다. 정치란 원래 그런 것이다.

세상에는 의사를 결정하는 세 가지 방식이 있다. 첫째, 모든 사람들의 의견이이 아무 이견 없이 하나로 통일되는 것이다. 이것은 불가능하다. 둘째, 생각이 다른 사람들을 제거하는 것이다. 전쟁이나 독재로 어느 정도 가능하다. 그러나 이것은 파멸의 악순환이 계속될 뿐이다. 앞의 두 가지 방식이 가능하지 않다면 현실적으로 유일한 방식은 민주적 절차에 따라 의사 결정을 하는 것이다. 이해 관계가 다른 사람들은 대표를 내세워 협상과 타협을 하게 한다. 그것이 실패하면 절차에 따라 표결로 처리할 수밖에 없다. 때문에 수적 우위를 확보하기 위해서 선거에서 이겨야 한다. 행정부의 권력은 선거를 통해 언제든지 교체될 수 있다. 국회의 다수당도 언제든 바뀔 수 있다. 그러나 이 결과에 승복하지 않으면 제도는 무력해지고 정치는 전쟁의 방식으로 치닫게 된다.

한국 정치에는 민주화 과정의 부정적 유산인 이분법적 '진영(陣營) 사고'가 강하게 남아 있다. (보수) 진영 대 (진보) 진영 간의 전쟁은 룰이 있는 장내를 포기하고 툭하면 룰이 없는 장외로 정치를 끌고 나간다. 프로레슬링에서 그러하듯 장외에서의 격돌은 흉포한 반칙이 동원되고 곧잘 피를 부른다. 합리적 토론 대신 선동이 판을 치고 타협은 사라지고 폭력이 일상화된다. 자기가 속한 진영에 대해서는 한없이 관대하고 상대 진영에 대해서는 더없이 가혹하다. 폭력적 사고, 빈곤한 철학, 붕괴된 논리, 모순된 행동이 지배한다. 전쟁에서는 아무것도 예측할 수가 없다. 논리와 행동의 일관성이 전쟁에서는 미덕이 아니기 때문이다. 전쟁에 동원되면 지식인도 합리적 주장을 접고 당파적 충성심에 몸을 맡긴다. 사회의 불확실성은 정치를 통해 제거되는 것이 아니라 증폭된다. 정치가 '사실'의 궤도를 벗어나 '인식'의 프레임 속으로 탈선한다.

| 변화를 좇지 못하는 정치 |

　한국 정치가 더 후진적으로 보이는 것은 세상이 너무 빨리 변하기 때문이다. 빛의 속도로 변하는 세상은 정치의 패러다임을 근본적으로 바꿔 놓고 있는데 정치는 이 속도를 따라가지 못한다. 앨빈 토플러가 『부의 미래』에서 이를 통찰력 있게 지적했다. 기업의 변화 속도가 시속 100마일로 빠르게 움직인다면 정치는 겨우 3마일로 한없이 느리게 움직이는데 놀랍게도 법은 1마일의 속도로 움직인다며 한탄했다. 기업은 날아가는데 정치는 걸어가고 법은 기어가는 셈이다.

　이러한 속도의 차이는 패러다임의 근본적 변화를 가져온다. 패러다임은 무엇인가? 패러다임을 한마디로 규정하기는 힘들다. 실제로 이 용어를 처음 쓴 미국의 과학사학자 토머스 쿤도 자신의 명저인 『과학 혁명의 구조』에서 이를 굉장히 다양한 의미로 사용했다. 그에 따르면 패러다임은 한 시대를 지배하는 과학적인 인식, 이론, 관습, 사고, 관념, 가치관, 신념 등이 결합된 총체적 틀 또는 개념의 집합체라는 것이다. 중요한 것은 패러다임은 개인의 것이 아니라 집단적인 것이라는 점이다.

어느 시점에서 하나의 패러다임은 다수가 동의하는 '정상 과학'으로 자리 잡게 된다. 패러다임의 변화는 이러한 정상 과학, 즉 주류 인식이 비주류 인식의 도전을 받아 '세계관의 변화'를 겪으면서 이루어진다(과학 혁명). 이런 혁명은 흔히 '코페르니쿠스적 전환'이라는 표현을 수반한다. 토머스 쿤의 첫 저작이 『코페르니쿠스의 혁명』인 것은 우연이 아니다. 지동설, 만유인력, 상대성 이론 등도 이런 과학 혁명의 과정을 거쳐 세계관을 바꿔 놓았다. 이런 혁명적 전환은 과학 이론에만 해당하는 것이 아니다. 구석기, 신석기, 청동기, 철기 시대와 같은 시대의 변화나 산업 혁명과 같은 생산력의 변화도 '혁명적'으로 질적 전환을 한다. 그 변화가 현실에 자리 잡아 보편성을 획득하면 패러다임은 전환되는 것이다.

정치에서는 패러다임의 변화가 과학보다는 덜 엄밀하게 쓰이기는 하지만 질적으로 다른 단계로의 혁명적 전환을 의미한다는 점에서 그렇게 표현하는 것이 지나친 것은 아니다. 그렇다면 정치 패러다임의 변화는 무엇을 근거로 하는 것일까? 두 가지다. 하나는 기존의 상식으로는 설명할 수 없는 일이 일상화될 때이고, 또 하나는 기존의 방식으로는 더 이상 문제를 해결할 수 없을 때이다.

한국 정치는 지금 이런 상황에 놓여 있다. 수십 년간 한국 정치를 지배해 오던 질서가 무너지고 있다. 사례를 들어 보자. 먼저 비주류가 주류를 이기는 일이 일상적으로 일어나고 있다. 1987년 대통령 직선제가 부활한 이후 다섯 명의 대통령이 당선되었다. 노태우 대통령은 다수당의 다수파로서 집권했다. 1992년 김영삼 대통령은 다수당의 소수파로서 집권했다. 1997년 김대중 대통령은 소수당의 다수파로서 집권했고, 2002년 노무현 대통령은 소수당의 소수파로서 집권했다. 한나라당의 비주류인 이명박은 당의 주류인 박근혜를 경선에서 꺾었다. 2006년 지방 선거에서 서울 시장 선거에서 맞붙은 오세훈과 강금실도 둘 다 당내 기반이 거의 없었음에도 불구하고 후보가 되었다.

한국만 그런 것이 아니다. 미국의 오바마 대통령은 40대의 젊은 나이와 아프리카계 미국인이라는 약점을 가진 초선의 상원 의원에 불과했지만 워싱턴 정계의 거물인 힐러리 클린턴을 당내 경선에서 꺾고 본선에서는 정치 경험이 풍부한 백전노장의 존 매케인을 꺾는 파란을 일으켰다. 이것은 전통적인 정치의 관점에서는 이해하기 힘든 현상이다. 왜 정치적 경륜은 힘이 되지 못하고 오히려 짐이 되는 걸까? 그것은 현대 정치에서 조직과 자금의 영향력이 급격히 줄어들고 있는 것과 연관이 있다. 3김 시대만 하더라도 정치에서 조직과 자금은 절대적이었기 때문에 그것을 장악하고 있던 보스들의 영향력 역시 절대적일 수밖에 없었다. 보스 정치의 시대는 막을 내렸다.

또 다른 사례를 들어 보자. 대통령의 낮은 지지율이 일상화되고 있다. 노무현 대통령이나 이명박 대통령의 지지율이 20~30퍼센트를 벗어나지 못한다. 심지어는 10퍼센트대로 떨어지기도 한다. 이

것 역시 우리만의 문제가 아니다. 퇴임 직전 실시된 여론 조사는 조지 부시에게 역사상 가장 지지율이 낮은 대통령이라는 불명예를 안겨 주었다. 옆 나라 일본은 낮은 지지율 때문에 총리가 자주 사퇴하지만 최근 들어서는 총리마다 20퍼센트의 지지율을 유지하기도 힘겨워 보인다. 유럽의 정상들도 마찬가지다. 세계의 지도자들이 거의 동시에 지지율이 이렇게 낮아진 사례는 역사적으로 찾아보기 어렵다. 이 때문에 나라마다 자신들의 정치 지도자들이 과거의 지도자들에 비해 통찰력, 지도력, 통합력, 외교력, 설득력, 결단력, 품위 등이 한참 떨어진다고 한탄한다.

정말로 현대의 지도자들은 과거의 쟁쟁한 역사적 인물들보다 자질이 떨어지는 것일까? 아니면 정치적 상황과 환경이 달라진 탓일까? 물론 둘 다 영향을 미쳤을 테지만, 명백히 후자가 더 큰 영향을 미쳤다. 처칠이나 루스벨트, 드골 같은 이들도 지금 정치를 한다면 '위대함'은 사라지고 오늘의 지도자들처럼 '무능한' 지도자가 되었을 가능성이 높다. 지금은 좋은 지도자가 나오기 어려운 시대다. 왜냐하면 '좋은 지도자는 존재하는 것이 아니라 만들어지는 것'인데 지금은 그것이 불가능한 시대이기 때문이다.

'디지털 혁명'이라고 불리는 정보화는 정치의 패러다임을 혁명적으로 바꾸어 놓았다. 오늘날 정치인들은 사생활이 없다. 지도자들은 더욱 그렇다. 대통령 후보의 경우는 하루에 15시간 이상 대중의 눈에 노출될 수밖에 없다. "낮말은 새가 듣고 밤말은 쥐가 듣는다."라는 옛말이 실감나는 세상이 되었다. 술자리에서 무심결에 던진 농담도 그날 밤 뉴스에 보도될 수 있다. 농담 정도는 양호한 편이다. 그보다 더한 것도 휴대폰 동영상에 찍힐 수 있다. 먼 나라에 가서 식사하면서 가볍게 던진 말도 잠시 후에 뉴스 헤드라인을 장식하고 격렬한 논쟁을 야기한다. 정작 그런 말을 한 당사자는 한참 뒤에나 그런 사실을 알게 된다.

기자 회견을 하던 미국 대통령이 이라크 기자가 던진 신발을 피하는 장면을 거의 실시간으로 볼 수 있다. 집회나 시위는 순식간에 조직되고 휴대폰으로 촬영되어 인터넷으로 전 세계에 실시간으로 생중계된다. CNN이나 YTN 같은 24시간 뉴스 채널과 인터넷 포털 사이트도 과거에는 뉴스거리도 안 되었던 사소한 것들을 쉴 새 없이 퍼다 나른다. 그들에게는 항상 뉴스가 부족하다. 양도 부족하고 질도 부족하다. 자극적인 뉴스가 필요하다. 정치인들은 자신도 모르는 사이에 「돌발 영상」의 주인공이 된다.

정치인들은 영상 이미지의 즉시성과 지속적 과대 선전의 희생양이 되고 있다. 별 것도 아닌 것조차 충격적 영상으로 편집되어 유포된다. 《뉴스위크》의 편집장인 파리드 자카리아는 그의 책 『흔들리는 세계의 축』에서 이런 사실을 잘 묘사했다. 그는 과거의 사건들이 대중에게 실시간 영상으로 전달되지 않아서 못 느꼈을 뿐이지 지금과는 비교할 수 없을 정도로 훨씬 충격적이었다고 지적했다. 옳은 지적이다. 한국도 과거의 정치적 사건이나 정치인의 언행이 요즘처럼 동영상으로 실시간 중계되었다면 어떻게 되었을까?

디지털 혁명은 세계화도 가속했다. 통신, 인터넷, 교통, 금융 등의 비약적 발전은 거의 실시간으로 정책이나 정치적 이슈에 대한 논쟁을 촉발한다. 예전 같으면 어떤 정책이 논란이 되고 있는지를 소수의 엘리트들, 예컨대 정부, 국회, 언론 관계자들만 알았다면 지금은 국회에 법안이 제출되기도 전부터 모든 대중이 치열한 논쟁을 벌인다. 세계의 뉴스들도 실시간으로 볼 수 있기 때문에 국제 이슈에 대해서도 모두가 한마디씩은 할 줄 아는 '혜안'이 생겼다. 아무것도 숨길 수 없고 관리할 수 없는 시대에 어떻게 좋은 지도자가 나올 수 있겠는가?

디지털 혁명은 패러다임의 혁명을 가져왔다. 아주 오랫동안 우리를 지배했던 패러다임은 맨 밑에 기술이 있고, 그 위에 과학이 있고, 또 그 위에 철학이 있고, 맨 위에 신학이 있는 질서였다. 신학은 우주관과 세계관을 지배했다. 철학(역사학)은 역사 해석과 규범을 만들어 냈다. 과학과 기술은 신학과 철학이 허용하는 틀 안에서 움직여야만 했다. 갈릴레오처럼 그 틀을 깨고 싶으면 목숨을 걸어야 했다. 이 질서의 좋은 점은 대중의 행동을 예측할 수 있다는 것이다. 규범이 있기 때문이다. 동성애는 처벌을 받아야 했고 이론의 일탈이든 행동의 일탈이든 규범을 이탈하면 누구든 용서받지 못했다. 불과 10년 전까지만 해도 우리는 이런 패러다임 속에서 살았다. 신학과 철학의 '문화'가 기술과 과학의 '문명'을 지배했던 것이다.

그런데 지금은 어떤가. 이 질서가 물구나무를 섰다. 맨 밑바닥에 신학이 있다. 그 위에 철학이 있고, 그 위에 과학이 있다. 그리고 맨 위에는 온 세상을 지배하는 기술이 있다. 지금은 빌 게이츠와 같은 엔지니어들이 부와 명예뿐만 아니라 권력을 손에 넣고 세상을 지배한다. 문명이 문화를 지배하는 시대가 된 것이다. 기술이 지배하는 시대의 가장 큰 특징은 기존의 모든 규범을 붕괴시킨다는 것이다. 규범이 무너져 대중이 합리성을 벗어나 움직이면 일탈이 일상이 된다. 공중 전화는 비용도 저렴하고 전자파의 위험도 없기 때문에 공중 전화가 있는 곳에서는 휴대 전화 대신 공중 전화를 사용하는 것이 합리적이지만 그렇게 하는 사람은 별로 없다. 이미 휴대 전화는 '문화'가 되었기 때문이다.

잔인한 살인 사건의 예를 들어 보자. 한적한 산길에서 토막 난 시체가 발견되었다. 기존 패러다임의 지배를 받는 베테랑 형사는 잔인한 살인 수법을 보고 원한 관계로 인한 살인이라고 추리할 것이다. 그리고 피해자가 별로 저항한 흔적이 없는 것으로 봐서는 얼굴을 아는 사람의 소행이라고 볼 것이다. 그러나 사실은 아무런 원한 관계도 없고 처음 보는 사람이 아무 이유도 없이 '그냥' 살인을 했다면 형사는 범인을 잡을 수 있을까. 기술이 지배하는 시대가 되면 강호순과 같은 사이코패스들이 늘어난다. 그냥 불을 지르고 그냥 죽인다. 인과 관계가 없는 살인 사건의 경우에는 CCTV, 신용 카드, 휴대 전화와 같은 기술이 범인을 잡는다. 규범이 무기력해지면 관행과 관습은 더 이상 영향력을 유지하지 못한다. 기술은 빛의 속도로 움직이면서 기존의 법과 제도를 무력화시킨다.

프랑스의 석학 자크 아탈리는 『미래의 물결』에서 이런 상황을 잘 묘사했다. 기술의 발달에 따라 불안을 느낀 개인들은 보안을 강화하고 불확실성의 증대로 인한 스트레스를 풀기 위해 단순한 오락에 몰입하게 된다고 했다. 그러면서 그는 아프리카가 유럽을 닮게 되는 것이 아니라 유럽이 종족 간의 전쟁으로 불확실성이 지배하는 아프리카를 닮게 될 것이라고 전망했다.

기술 중심의 패러다임은 민주주의와 정치의 규범도 근본적으로 바꿔 놓았다. 기존 패러다임에서 지배력을 갖고 있던 정치적 원로들의 힘을 약화시키고 있다. 이것은 정치에서만 그런 게 아니다. 사회 전반이 그렇다. 집안의 어른이나 국가의 원로, 기업의 원로 들이 과거의 힘을 상실하고 있다. 앨빈 토플러는 "이제는 65세 이상을 의무 교육해야 한다."라고까지 말했다. 정치적 리더십의 약화는 당론의 부재를 낳는다. 설사 당론이 정해지더라도 과거와 같이 의원들이 일사분란하게 행동하리라고 기대하기가 쉽지 않다.

대중이 정보력에서 정치인들과 대등한 위치를 차지하면서 정치인들의 권위는 계속 떨어지고 있다. 심지어 미네르바와 같이 누구나 마음만 먹으면 정치적 영향력을 가질 수 있게 되었다. 대중의 영향력이 확대되면서 경륜 있는 지도자보다는 '대중성'이 있는 인물이 갑자기 지도자로 부상하기 일쑤다. 전통적인 정당 시스템은 붕괴 일보 직전이다. 정치의 모든 권위는 붕괴되고 있다.

정치는 빛의 속도로 움직이는 사회의 변화를 따라가지 못한다. 한국 사회는 시속 100마일보다 훨씬 빠르게 움직이고 정치는 3마일보다 더 느리게 움직인다. 법은 1마일도 안 되는 속도로 움직이니 정치가 사회의 불확실성을 제거하기는커녕 불확실성의 원인을 제공하는 존재가 되고 있다.

| 위기의 정치, 어두운 미래 |

한국 정치는 위기를 맞고 있다. 지금의 제도와 시스템으로는 사회에서 제기되는 문제를 해결할 능력이 없다. 한편으로는 너무나 후진적 정치 시스템 때문에 발생하는 문제요 다른 한편으로는 기술에 의해 사회가 너무나 빠르게 변하면서 기존의 규범들이 붕괴하면서 발생하는 문제이다. 과거에 경험하지 못했던 이런 혁명적 전환을 맞아 정치는 새로운 규범을 만들어 낼 수 있을까? 디지털 시대에 걸맞은 새로운 정당 시스템, 국회 시스템, 정부 시스템을 만들어 내지 못하면 정치는 대중을 지배하기는커녕 대중의 공격에 취약할 수밖에 없을 것이다.

한국인의 행복 지수가 올라가기 위해서는 정치가 법과 제도를 통해 '공정성'과 '예측 가능성'을 높여야 한다. 그러나 유감스럽게도 한국 정치는 이런 역할을 감당할 수 없다. 시대에 맞지 않는 헌법, 후진적 정당 시스템, 민주주의에 대한 철학의 부재, 이해 관계를 조정하는 리더십의 부재, 정부와 국회, 여당과 야당, 정치와 대중 간의 소통 부재, 정당의 철학과 가치의 부재, 동지들의 결사체로서의 정당의 정체성 상실 외에도 기존의 규범을 받아들이지 않는 대중의 힘이 점점 강화되는 현실에서 정치는 불확실한 세상에서 우리를 인도할 수 있을까.

지금 우리에게는 선진국의 정치 시스템이 필요한 것이 아니라 새로운 패러다임에 맞는 완전히 다른 정치 시스템을 찾아야 한다. 당분간은 한국인의 행복 지수가 올라갈 가능성은 없어 보인다.

불확실성의 저울이 지배하는 국제 정치

조효제 | 성공회대학교 사회과학부 교수

| 들어가면서 |

벌써 21세기도 처음 10년을 마감하는 시기에 접어들었다. 이 시점에서 한 가지 확실한 사실은 다음 10년이 어떻게 전개될지는 아무도 모른다는 사실이다. 즉 불확실성만이 확실하다는 역설의 시대를 우리는 살아가고 있다. 이것을 어떻게 받아들여야 할까? 우리는 왜 '안정'된 세상에서 살아가지 못하는 것일까? 우리는 왜 예측 가능한 사회를 건설하지 못하는 것일까? 이 질문의 해답은 우리가 살고 있는 세상이 예측 가능한 방식으로 애초 설계되지 않았다는 점에서 찾아야 할 것이다.

우리가 몸담고 있는 세상을 움직이는 세속적 원리는 근대성, 그리고 자본주의/산업화라는 양대 조건에 의해 추동되고 있다. 근대성의 바탕에는 이성의 원리로써 세계에 규칙성을 부여할 수 있다는 믿음이 깔려 있다. 자본주의는 '보이지 않는 손'이 시장 활동을 궁극적인 인간 복지로 이끌 것이라는 믿음으로 출발했다. 즉 현대인의 삶을 움직이는 두 원리는 모두 '확실성'이 가능하다는 믿음에서 비롯된 것이었다. 그러나 이 두 가지 확실성의 원리가 오늘날 최악의 불확실성을 낳는 원천이 되었다. 역사의 아이러니가 아닐 수 없다. 또한 이러한 근대적인 조건은 국제 정치의 틀과 작동 방식에도 그림자처럼 반영되어 있다. 따라서 근대성의 확실성의 원리가 오히려 불확실한 상황을 낳은 것처럼 현대 국제 정치에서 확실성을 도입하려는 시도 역시 오히려 불확실성을 가중시키는 방향으로 진행된 것이다. 그렇다면 지금부터 정치와 경제 영역에서 예를 하나씩 들어 이야기의 실마리를 풀어 보자.

| 정치의 사례: 전 세계 핵 확산을 막을 수 있는가? |

도대체 지구상에 핵무기가 얼마나 있을까? 그리고 냉전도 끝났는데 이 끔찍한 대량 살상 무기를 인류가 계속 가지고 있어야 할 이유가 어디 있을까? 핵무기의 반도덕성을 제쳐놓더라도, 강대국들은 핵무기를 가질 수 있고 다른 나라들은 가질 수 없다는 모순적인 주장이 어떻게 해서 나올 수 있었을까?

핵무기는 근대적 안보 개념이 인류를 재난 직전으로 이끌어 간 대표적인 사례이다. 원래 원자 폭탄은 모든 전쟁을 종식시킬 수 있는 '궁극의 무기'로 개발되었다. 원자 폭탄을 손에 넣는 세력은 그

억지력에 힘입어 이 세계에 영구 평화를 가져다주리라고 기대되었다. 전형적으로 근대적인 사고 방식에 기댄 평화론이었던 것이다. 냉전 기간 중 동서 양진영이 핵전쟁 일촉즉발 상황에까지 갔었지만 그때에도 사람들은 '상호 확증 파괴 전략(MAD)'이라는 이름으로 핵무기가 인류를 평화롭게 해 줄 것이라는 환상을 품었다. 즉 핵전쟁이 나면 인류가 전멸하므로 그것이 두려워서라도 함부로 전쟁을 일으키지 못할 것이라는 해괴한 논리가 통용되었던 것이다.

그러고 나서 냉전이 끝난 후 한동안 인류가 드디어 핵공포로부터 자유로워질 수 있게 되었다는 안도감이 확산된 적이 있었다. 그러나 그것도 잠깐, 현재 우리가 목격하듯이 핵무기 확산, 국지적 핵전쟁, 핵 테러 등의 위협은 그 어느 때보다도 더 고조되어 있는 형편이다. 미국의 오바마 행정부가 중동과 아시아 지역에 외교력을 집중하고 있는 것도 핵무기라는 중대 변수가 존재하기 때문이다. 이란의 핵보유, 그리고 북한의 핵개발이 이만저만 신경이 쓰이지 않는 일이기 때문이다. 핵무기를 그토록 염려하는 것은 그것의 가공할 만한 파괴력 때문이다. 1945년 일본 히로시마와 나가사키에 투하된 핵폭탄은 15킬로톤의 '원시적' 수준의 폭탄이었는데도 즉사자 11만 5000명을 포함해 총 35만 명의 사망자를 발생시킨 것으로 추산된다. 오늘날 훨씬 개량된 핵폭탄 50개 정도면 2억 명을 죽일 수 있다. 이는 영국, 독일, 캐나다, 오스트레일리아, 뉴질랜드의 국민들을 모두 합친 정도이다. 그렇다면 오늘날 전 세계 핵무기 현황은 어떠한가?

　현재 지구상에는 약 2만 7000개의 핵폭탄이 존재한다고 추산된다. 냉전 시기보다는 훨씬 줄어든 수이다. 국가별로 보면 9개 나라가 공식·비공식적으로 핵폭탄을 보유하고 있다. 괄호 안은 핵폭탄 각국의 보유수이다. 러시아(1만 5000개 중 5,700개 배치), 미국(9,600개 중 5,700개 배치), 프랑스(350개), 중국(200개), 이스라엘(100~200개), 영국(160개), 파키스탄(60~70개), 인도(50~60개), 북한(?개). 이 외에도 핵무기를 '방조' 하는 나라들이 있다. 미국과 특별한 협약을 맺고 미국의 '핵우산' 아래에 들어가 있는 26개 국가들이다. 한국, 일본, 대다수 서유럽 국가들이 여기 속한다. 또한 벨기에, 독일, 네덜란드, 이탈리아, 터키 등은 자국 영토 내에 미국 핵무기 배치를 허용하고 있다. 그리고 캐나다, 오스트레일리아, 나미비아, 니제르 등 24개국이 핵무기 제조 물질인 우라늄을 수출한다. 이 외에도 전력 생산을 위한 원자로를 보유한 나라가 31개나 된다. 이 모든 나라들은 핵 확산의 잠재적 위험 지역 또는 잠재적 진원지로 지목될 수 있다. 하지만 핵무기 영역만큼 불확실성이 지배하고 있는 분야도 드물다.

　냉전 당시에도 국제 연합(UN) 안전 보장 이사회 5개 상임 이사국 모두가 핵을 보유하고 있었지만 그때에는 주로 미국과 소련 사이의 핵전쟁이 제일 큰 위협이었다. 즉 가능성이 높지는 않았지만 일단 핵전쟁이 터지면 인류 전체가 몰살하게 되는 그런 형국이었다. 그런데 냉전이 끝나고 핵무기를 보유하거나 보유하려는 국가들이 늘어나고, 테러 단체들까지 핵폭탄을 입수할 가능성이 높아지면서 상황이 완전히 바뀌었다. 불확실성이 훨씬 늘어난 것이다.

향후 20년 정도를 예측해 보면 두 가지 시나리오가 존재한다. 첫째, 핵무기가 일부 지역 국가들의 전쟁에서 사용된 후 전 세계적 핵전쟁으로 확산되는 것. 이렇게 되면 냉전 시기의 미소 대결에 의한 전면적 핵전쟁과 똑같은 구도가 재연될 수 있다. 둘째, 국지전에서 핵무기가 사용되어 수십만 명 또는 수백만 명의 사상자를 낸 후 확전으로 이어지지 않고 종결되는 것. 하지만 이 경우에는 "핵무기를 일반 전쟁에서 사용할 수 있다."라는 인식이 생기면서 또 다른 국지전에서도 핵무기 사용이 늘어난다. 어찌 보면 더 무서운 현상일지도 모른다. 대중이 핵무기를 '정상적'으로 볼 위험마저 있으니 말이다. 폴 로저스가 지적하듯 핵전쟁의 '용'들을 없애고 나니(냉전 종식), 이제 작은 독사들이 우글거리는 세상이 온 것일까?

이렇게 위험하고 무모한 핵폭탄을 왜 세계는 완전히 버리지 못하는가? 다섯 가지 이유가 있다. 모두 불확실성과 관련이 있다. 첫째, 핵보유국들이 아직도 냉전식 정신 상태, 안보 논리에서 벗어나지 못했다. 핵이 가장 확실하게 국가 안보를 보장해 준다는 확신 때문이다. 둘째, 핵무기 생산과 관련된 군산 복합체의 영향력이 막강하다. 셋째, 대중이 핵 이슈에 대해 무감각하고 무기력해졌다. 어쩌면 냉전 당시 하도 오랫동안 핵전쟁 위협을 접해서 '핵전쟁 피로증'에 걸린 것인지도 모른다. 넷째, 유가 상승과 지구 온난화로 핵발전이 대안처럼 생각되는 분위기가 생겼다. 마지막으로 '핵 확산 방지'라는 개념 속에 내재된 이중성과 위선의 논리 때문이다. '핵 확산 방지'란 소수의 국가들만 핵무기를 독점한 상태에서 다른 나라들로 핵무기가 전파되지 않도록 하자는 말이다. 이것은 "내가 하면 로맨스, 남이 하면 불륜"이라는 논리와 완전히 같다. 따라서 우리는 핵확산 방지라는 말 자체가 완전한 핵폐기와는 거리가 먼 개념임을 확실히 인식할 필요가 있다. 이런 이유들 때문에 핵무기를 지구상에서 완전히 몰아내려는 노력은 현재로서 불확실한 전망을 보이는 것이다.

그렇다고 해서 인류가 핵문제 해결을 완전히 포기할 수는 없다. 예를 들어, 미국 과학자 협회(Federation of American Scientists)에서 운영하는 '핵무기 정보 프로젝트(Nuclear Information Project)'에서는 비밀 해제된 각국 정부의 핵무기 관련 정보를 체계적으로 수집해 대중들에게 핵폭탄에 대한 경각심을 불러일으키고 대량 살상 무기에 관한 시민 교육을 실시하고 있다.[1] 이 프로젝트가 핵무기 체제 내에서 이성적인 해결책을 추구한다면 핵폭탄의 영구적인 제거를 위해 활동하는 단체도 있다. '핵무기 철폐 캠페인(Campaign for Nuclear Disarmament, CND)'은 궁극적으로 핵무기 없는 세상이 불확실성을 제거해 준다는 신념에 따라 전 세계적인 핵폐지 운동을 전개하고 있는 것이다.[2]

•1 www.nukestrat.com 참조.
•2 www.cnduk.org 참조.

| 경제의 사례: 금융 위기의 해법은 있는가? |

오늘날의 금융 위기를 맞아 제일 먼저 떠오르는 생각이 '세계 금융계에 상식은 통하지 않는다.'라는 서글픈 현실이다. '신용 경색'이라는 현학적인 표현 뒤에 숨어 있는 몰상식한 행태가 그것이다. "자신의 분수대로 산다, 빚을 졌으면 정당하게 갚는다." 이런 원칙은 삼척동자도 아는 상식이다. 현재 금융 위기의 원인을 한마디로 하자면 이런 상식이 무너진 것이다. 금융 위기를 근원적으로 성찰하면 이른바 서구 선진국들이 얼마나 자기들의 분수대로 살지 않았는지, 어떻게 빚을 지고도 정당하게 갚지 않아서 이런 사태를 초래했는지가 뚜렷이 보인다. 쉽게 말해 서구 선진국들은 비서구 개도국들로부터 막대한 이득을 얻어 갔으면서도 그것을 제대로 되갚지 않았고, 또 서구 선진국들은 대자연으로부터 막대한 자원을 헐값에 뽑아 썼으면서도 환경 회복의 책임을 회피해 왔다. 이것이 오늘날 경제 위기의 근본적 원인이라 할 수 있다. 그리고 이런 위기는 현재 더욱 더 불확실한 경로를 밟으며 확산 일로에 있다. 데이비드 랜섬의 설명을 통해 좀 더 자세히 살펴보자.

제2차 세계 대전 종전 직전인 1944년 연합국 측은 미국의 브레튼우즈에 모여 국제 금융의 원칙을 제정했다. 1930년의 대공황과 그 후의 전쟁을 앞으로 예방하자는 취지에서였지만 사실 그 원칙은 불확실한 원칙이었다. 그 후 1970년대 초 자연이 준 공짜 선물처럼 생각되어 온 '원유'의 가격이 하루아침에 4배나 뛰었다. 석유 수

출국 기구(OPEC)에 소속된 나라들은 갑자기 돈벼락을 맞았다. 이 것을 '오일 머니' 또는 '석유 달러'라고 한다. 엄청난 오일 머니가 전 세계 시장을 떠돌게 되었다. 이는 브레튼우즈의 원칙에 어긋나는 현상이었다. 오일 머니는 당연히 뉴욕의 월가와 런던의 시티와 같 은 금융 시장의 규모와 중요성을 키워 놓았다. 이런 배경에서 미국 의 닉슨 대통령은 1972년 금융 탈규제 조치를 취하도록 했다. 한 연 구에 따르면 그 후 지금까지 전 세계에서 총 42회의 크고 작은 금 융 위기가 발생했다. 유황이 부글부글 끓는 활화산 표면에 크고 작 은 거품들이 올라와서 터졌다 가라앉고 다시 터지는 장면을 상상 해 보면 될 것이다.

오일 머니와 같이 전 세계 금융 시장을 떠돌게 된 여윳돈은 서구 의 은행으로 흘러 들어갔다가 다시 다국적 기업, 제3세계 독재자 들, 금융 투기꾼들에게 대출되었다. 이런 돈은 다시 투기성 금융 시 장이나 조세 회피 지역의 역외 은행 등으로 흘러 들어가 덩치가 자 꾸만 커졌다. 금융의 전 지구화가 일어나기 시작한 것이다. 그와 함 께 '제3세계 외채 위기'가 불거져 나왔다. 개도국의 정부 또는 독재 자들이 서구에서 '싼' 이자로 빌린 돈에 대해 갚아야 할 이자와 원 금이 세월이 흐르면서 너무 부담스러워진 것이다. 부채의 이자로 나간 돈이 원금보다 더 커진, '배보다 배꼽이 더 큰' 경우도 많았다.

국제 금융계는 개도국들이 외채를 갚기 힘들어 하고 채무 불이행 을 선언하기도 하자, 다음과 같은 조건을 노골적으로 또는 은밀하게 내걸었다. 첫째, 정치적 조건. 민중의 불만이 높아진 개도국에서 독재 정권이 더 심하게 국민을 억눌러도 그것을 묵인해 주었다. 둘째, 경제적 조건. 외채 문제를 '용서'해 주기 위한 전제 조건으로서 구조 조정을 하라고 요구했고, 모든 것을 민영화하라고 했다. 공공 예산을 깎고, 공공 서비스 사용료도 올렸다. 결국 애초 국제 금융계에서 만들어 낸 문제의 뒷감당을 가난한 개도국 국민들이 몽땅 뒤집어쓰게 된 것이었다. 또한 서구 은행에 진 부채를 갚기 위해 개도국은 '수출 주도형 성장 정책'을 채택해야 했다. 원유, 식품, 농산물, 목재, 광물 등 팔 수 있는 모든 물건을 (싸게) 팔아 현금을 만들어 빚을 갚도록 한 것이다. 이와 함께 개도국의 환경 문제는 더 심각해졌다.

거의 같은 시기에 다국적 기업들은 중국이나 인도네시아, 멕시코와 같은 나라로 몰려가 값싼 노동력을 활용해 상품을 생산하기 시작했다. 이렇게 되니 선진국은 개도국으로부터 원자재와 상품을 모두 값싸게 활용할 수 있게 되었다. 그 결과 인플레 위협이 사라지고 전 세계적으로 흥청망청 소비하는 '소비 문화'가 탄생했다.

그뿐만이 아니다. 금리가 낮아져서 그야말로 '돈을 물 쓰듯' 하게 된 것이다. 이것을 '값싼 돈의 탄생'이라고 한다. 월가와 같은 금융계는 이런 값싼 돈을 더욱 굴릴 수 있는 금융 공학을 '발명'했다. 수학 전문가들을 동원해서 리스크를 확률적으로 계산하고 관리하는 기법을 금융계에 도입했던 것이다. 파생 상품이니 스와프니 서브프라임 모기지니 하는 상식과 상상을 초월한 돈벌이 기술이 등장했다. 그것은 마치 가부좌를 한 상태에서 공중 부양을 할 수 있다고 큰소리치는 사기꾼과 크게 다를 바 없는 행태였지만, 그

·러한 이성의 목소리는 '뭘 모르는 사람의 잔소리' 정도로 치부되었다. 이런 무모한 '금융 과학'의 말로가 어떻게 되었는지는 이 지면에서 굳이 말하지 않아도 될 것이다. 우리 모두가 바로 이 순간 그것의 암울한 후유증을 극심하게 앓고 있으니 말이다.

지금까지 아주 간략하게 오늘날 금융 위기의 역사적 뿌리를 살펴보았다. 비극적인 것은, 이러한 사태를 초래한 서구 선진국도 금융 위기로부터 피해를 입겠지만 결국 개도국의 가난한 민중들이 가장 큰 타격을 받을 것이라는 사실이다. 한 경제학자의 표현대로 인간의 경제적 기억력은 도마뱀 수준이어서 이번 금융 위기가 가라앉으면 또다시 거품 경제에 몰두할지도 모른다. 아니면 이번 사태를 교훈 삼아 서구가 개도국과 대자연에 진 '역사적 채무'를 정당하게 갚고 새로운 방향을 모색할지도 모른다. 지금으로서는 속단할 수 없다. 이렇게 불확실한 상황이지만 한 가지는 확실하다. 경제의 영역에서도 — 인간의 다른 모든 집단적 의사 결정 영역에서처럼 — 민주적 통제가 필요하다는 사실이다. 그렇다면 이렇게 불확실한 세상을 구원하기 위한 대안들이 무엇인지, 하나씩 살펴보자.

| 백가쟁명식 해결 방안들 |

현대 사회는 역사상 가장 급격한 변화의 와중에서 불확실한 미래를 헤쳐 나가기 위해 온갖 방안을 다 짜내고 있다. 특히 2008년

말에 돌이킬 수 없이 우리 앞에 현실로 자리 잡은 전 세계 경제의
추락으로 인해 미래에 대한 대안 찾기는 한층 더 절박한 몸짓이 되
었다. 이제 변화와 대안은 선택이 아니라 필수이며, 대안이 없으면
전 세계가 동반 몰락할 수도 있다는 무서운 현실 인식이 자리를 잡
은 것이다. 변화와 불확실성은 규모, 강도, 속도, 영향력의 차원에
서 역사상 그 어느 때보다 더 맹위를 떨치고 있지만 문제 해결에 대
한 비전은 대단히 복잡하게 열리고 있다. 크게 보아 네 흐름이 존재
한다고 하겠다.

1. 개혁적 모색

개혁적 모색과 아래에서 소개할 급진적 모색을 가르는 구분선
은 뚜렷하지 않다. 정도와 경향성에서 차이가 있을 뿐 어느 선에서
딱 잘라 구분하기는 쉽지 않다. 개혁적 모색은 현재의 전 지구적 자
본주의가 '제대로' 작동하지 못하고 있고 '공정함'도 '투명함'도 없
이 강자의 이익에만 봉사하고 있다고 비판한다. 따라서 시장 만능
주의의 폐해를 줄이고, 경제의 운용을 공익에 부합되게끔 작동시
켜야 한다고 본다. 간단히 말해 전 지구적 자본주의라는 고삐 풀린
야생마를 유순하게 길들여 그 힘을 좋은 방향으로 쓰자는 것이다.
대다수 시민 사회 운동 단체들과 NGO들이 개혁적 노선 속에서 비
판과 대안 찾기에 힘쓰고 있다. 이들 중 상당수가 전 지구적 사회
민주주의자라 부를 수 있는 색깔과 노선을 견지하고 있다. 이들은
글로벌 시대의 케인스주의자라고 해도 과언이 아니며, 신자유주의

가 쓰레기통에 버린 규제와 분배의 문제를 다시 정치적 의제의 전면에 내세우자고 주장한다. 이들은 전 세계 정치의 난맥상을 전 지구적 거버넌스 체제가 없기 때문에 발생한 현상으로 규정한다. 따라서 전 지구적 규제 장치 또는 조정 제도는 많으면 많을수록 좋다고 본다.

이들은, 예를 들어, 전 세계적으로 토빈세를 신설하고 다국적 기업의 활동을 유엔 글로벌 콤팩트(UN Global Compact)[3]와 같은 사회 책임 경영 방식으로 길들여야 한다고 주장한다. 토빈세는 미국 예일 대학교의 경제학 교수였던 제임스 토빈이 주장한 이론이다. 외환 거래 시장이 투기꾼들의 소굴로 변질되는 것을 막기 위해 세금을 물리자는 제안이다. 특히 국제 투기 세력이 단기적으로 급속하게 거액의 외환을 유입하고 유출하는 악폐를 근절하기 위해 특별한 조치를 취하자고 하는 주장인 것이다. 이처럼 단기성 외환 거래에 0.1퍼센트내지 0.25퍼센트 정도의 세금을 매기게 되면 전 세계적으로 수천 억 달러의 자금을 확보할 수 있고 이 돈을 외환 거래 안정과 장기적 투자를 위해 활용할 수 있다.

토빈세는 하나의 예에 불과하지만 이 같은 개혁이 이루어지면 현 체제의 큰 틀을 허물지 않고도 재구성(re-form)을 함으로써 더 나은 세상을 만들 수 있다고 믿는다. 이들은 장기성 해외 직접 투자

•3 기업 및 세계 시장의 사회적 합리성을 제시하고 발전시키는 것을 목표로 한 국제적 기업·시민 네트워크.

를 장려하고 제3세계의 발전 목표를 더 명확히 설정하며 사회 투자, 보건 및 교육에의 투자 등을 장려한다. 우리가 잘 아는 조지프 스티글리츠 같은 비판적 경제학자들, 옥스팸(Oxfam)과 같은 개도국 지원 NGO들, 아탁(ATTAC)과 같은 토빈세 도입 촉구 모임 등이 개혁론의 선봉에 서 있는 개인 또는 단체이다. 예컨대 옥스팸은 개도국의 빈곤 탈출과 발전을 위해 윤리적인 자본주의와 인간의 얼굴을 한 지구화가 필요하다고 주장한다. 그것을 위해 옥스팸은 교육과 보건 캠페인, 공정 무역, 개도국에 유리한 외채 상환 조치, 무기 거래 철폐 및 인권 의식 함양을 통한 주민들의 자력화 등을 통해 제3세계의 발전을 도모하고 있다.[4]

2. 급진적 모색

급진적 모색은 개혁적 모색과 많은 부분에서 겹치면서도 상당히 다른 면모를 보인다. 즉 이들은 중장기적으로 전 지구적 자본주의 체제를 다른 어떤 체제로 전환시켜야 한다는 대원칙에 동의한다. 단기적으로 개혁적 흐름과 겹치는 부분이 있다 하더라도(토빈세 도입 같은 사례), 길게 보아 목표와 비전이 크게 다르다고 할 수 있다. 예컨대 금융 문제만 놓고 보더라도 이들은 부실 은행의 국유화에서 더 나아가 모든 은행의 완전한 사회화를 선호한다. 이윤에 기반을 둔 대출·대여가 아니라 사람들의 욕구에 기반을 둔 대출·대여가 필

• 4 www.oxfam.org 참조.

요하다고 한다. 이들은 토빈세의 도입에서 한 걸음 더 나아가 단기성 외환의 출입을 금지시키고 모든 파생 상품 거래를 금지해야 한다고 본다. 세계 은행, IMF, WTO와 같은 국제 기구도 '개혁'의 대상이 아니라 단계별 '폐지'의 대상이다.

급진적 모색은 기후 변화에 대한 의제 개발에도 열심이다. 화석 연료를 쓰는 나라와 쓰지 않는 나라를 엄격하게 구분해서 후자에게는 전 세계적으로 보상을 해 주자고 제안한다. 그리고 북반구 선진국들의 무분별한 개발과 자연 착취의 후유증을 앓고 있는 남반구 개도국에 대폭적인 피해 보상과 지원을 해야 한다고 주장한다. 또한 요즘 많이 제기되는 탄소 거래를 전면 중지시키고 탄소의 전 지구적 총량을 줄이는 '진정한' 탄소 규제 체제를 도입해야 한다고 본다. 현재의 탄소 거래 제도는 장기적으로 큰 효과가 없는 미봉책이라는 게 이들의 주장이다. 부자 나라들은 소비를 대대적으로 줄이고 가난한 나라들의 지속가능한 발전 모형을 확산시키는 것도 급진적 모색의 주요 항목에 들어 있다. 이런 논리를 확장해 보면 급진적 모색의 요체는 결국 '탈성장'의 미래를 꿈꿔 보자는 데 있다. 이 부분에서 어떤 아이템들은 개혁적 모색의 그것들과 비슷하게 보이기도 한다.

급진적 모색 진영 내에서도 철두철미한 반지구화론자들은 거의 경제 고립에 가까운 노선을 주장하는 것처럼 보이기도 한다. 이들은 결국 자본주의와 지구화를 동일한 과정의 양면으로 파악한다. 그러므로 모든 형태의 교역과 교류를 줄이는 것만이 후기 자본주의의 폐해를 줄이는 길이라고 보고 있다.

이들을 지도하는 3대 원칙은 다음과 같다. 첫째, 경제적 보조성. 무역은 최소로 줄이고 상품은 소비가 이루어지는 장소 가까이에서 생산되어야 한다. 둘째, 정치적 보조성. 초국적 기업이나 국제 기구는 약화 또는 폐지하고 국가와 지방 공동체의 권한을 강화한다. 셋째, 자립. 투자를 위한 자원은 현지에서 동원되어야 한다. 외국 투자에 대한 의존성은 줄이거나 없애는 게 좋다.

이런 입장에 서서 활동하는 대표적 단체로 코퍼레이트 워치 (Corporate Watch)를 들 수 있다. 코퍼레이트 워치는 다국적 기업이 자본주의의 약탈적 첨병이 되지 않도록 방지하기 위해 대단히 창의적인 대안을 내놓고 있다. 예를 들어, 주주들의 수익을 올리는 것을 기업 법인의 법적 의무로 규정하고 있는 현재의 '유한 책임성' 원칙을 개혁해, 주주와 임직원 들에게 사회적 책무성의 모든 연결 고리에 대해 민·형사상 책임을 물을 수 있는 원칙을 도입해야 한다고까지 주장한다.'[5] 다시 말해, 기업 활동을 인정하는 통상적인 기업 개혁 움직임보다 훨씬 더 근원적인 문제 제기를 하고 있는 것이다. 급진적 모색의 흐름에는 월든 벨로와 같은 탈지구화론자, 알렉스 캘리니코스와 같은 국제 사회주의자 등도 포함된다.

•5 corporatewatch.org.uk를 살펴보면 관련 사례들을 좀 더 자세하게 알 수 있다.

3. 근본 대안적 모색

근본 대안적 모색을 하는 이들은 이상적 사회를 설정한다. 그들이 생각하는 이상적 사회는 자족적이고 자체적인 삶이 가능한 사회이다. 근본 대안을 모색하기 때문에 기존 체제와의 단절을 걱정하지 않을 뿐만 아니라 단절을 대단히 바람직한 것으로 생각한다.

흔히 근본 대안적 모색의 노선을 급진적 흐름과 혼동하는 경우가 있다. 그러나 양자 사이에는 뚜렷한 차이가 있다. 우선 근본 대안적 모색의 노선은 전 지구적 자본주의를 변화시키고 그 위에 다른 어떤 '체제'를 심으려고 하지 않는다. 이들은 사물의 진짜 모습을 회복시키고 현재의 모습과는 완전히 다른 삶의 양식을 창조하려고 노력한다. 둘째, 근본 대안적 모색은 정치적·경제적 문제만큼이나 문화와 환경과 영성(靈性)에 대한 관심이 크다. 이들은 인간 삶의 근원적 변화는, 생활상의 평등이나 정의로운 분배만으로는 이루어질 수 없고, 인간 자체의 내면적 전환이 이루어져야만 이루어진다고 믿는다. 그러니 이들이 보기에 개혁론자와 급진론자는 물질 세계의 변화를 추구한다는 점에서 큰 틀에서 보아 같은 부류에 속한다. 반면 근본 대안적 모색의 흐름은 흔히 생태, 자연과의 친화, 인간과 자연의 합일을 주장하기도 한다. 그런 점에서 근본 대안적 모색은 말 그대로 '근원적인' 경향, 달리 말해 포스트 물질주의적 경향이라고 할 만하다.

근본 대안적 모색의 흐름은 워낙 다양해서 한마디로 정의하기가 어렵다. 이들을 구성하는 핵심 인물도 꼭 집어내 파악하기 힘들다.

군이 예를 들자면 사파티스타의 마르코스 부사령관이나 나오미 클라인과 같은 사람을 꼽을 수 있을 것이다. 그러나 이들의 영향력과 전파력은 대단히 강력하다. 대중 담론과 미디어 확산력으로만 보면 이들은 앞에서 보기를 든 두 흐름만큼이나, 아니 어쩌면 그보다 더 강력한 설득의 무기를 가지고 있는 것처럼 보인다. 실제로 인터넷상에서 신세대들과 호흡을 가장 잘 맞추어 활동을 하고 있는 이들도 바로 근본 대안적 모색을 하는 이들이다. 이들은 네트워크적인 측면에서 감성적인 측면에서 능숙한 솜씨를 뽐낸다. 1999년 시애틀 시위를 필두로 전 세계를 휩쓸었던 반지구화 흐름의 최선봉에 이들이 있다. 그들이 내세운 기존 체제의 부정, 진정한 삶의 방식, 문화적 담론은 많은 이들에게 1960년대의 문화 혁명 세대를 상기시킨다. 실제로 이들은 다초점적이고 다층적인 메시지를 극히 다양한 대중에게 전파하는 것을 목표로 삼는 것처럼 보인다.

실용적 대안론자로 부를 수 있는 일단의 흐름도 존재한다. 예컨대 지역 통화 운동(LETS)을 보자. 이들은 지역 공동체 내에서 기존의 현금 체제와 관계없는 서비스의 교환 시스템을 만들어 낸다. 내가 1시간 동안 다른 사람에게 봉사한 실적을 1유니트라고 한다면 나는 그 1유니트를 이용해서 다른 사람의 서비스를 1시간 동안 받을 수 있다. 다른 사람들도 마찬가지이다. 그런 식으로 화폐가 매개되지 않은, 인간의 연대에 의거한 '거래'는 진정한 의미에서 탈체제적이고 대안적인 교환 방식인 것이다. 우리나라에서 생태 공동체 운동이나 귀농 운동을 하는 니트라도 그 뿌리를 거슬러 올라가 보면 근본 대안적 모색의 흐름에 가깝다고 하겠다. 한국에서도 생태 자급 공동체 운동은 이미 뿌리를 내리고 있는 중이며 전 세계적으로도 이러한 '의도적 공동체' 운동은 날로 인기를 끌고 있다.'[6]

4. 후기 근대성의 불확실성

앞에서 소개한 흐름에서 한발 더 나아가 오늘의 상황을 후기 근대성으로 규정하면서 그것의 '리스크' 요인을 현대 세계 불확실성의 원인으로 파악하는 움직임이 있다. 앤서니 기든스와 울리히 벡이 대표적인 인물들이다. 이들에 따르면 전 지구적인 리스크는 예측할 수도 없고, 인간의 통제하에 둘 수도 없다. 이러한 글로벌 리스크를 우리가 피할 수 없는 이유는 이러한 리스크 자체가 근대성 속에 이미 내재되어 있기 때문이다. 이것을 기든스는 '제조된 리스크'라고 표현한다. 예를 들어 근대의 '추상적 시스템(과학 기술)' 덕분에 현대인의 삶이 윤택해진 반면 우리는 다시 그러한 과학 기술의 산물이 우리에게 끼치는 부작용을 목격하면서 살아가고 있다. 핵재난이나 지구 온난화 같은 전 지구적 문젯거리들이 대표적인 사례이다. 인류는 자신의 활동이 만들어 낸 리스크를 안고 살아가야 할 운명에 놓인 것이다.

이런 상황에서 어떤 일이 벌어지는가? 그것은 '타자의 소멸'이라는 결과를 낳는다. 타자의 소멸이란 전 지구적 리스크라는 엄청난

•6 www.ic.org 참조.

현실 앞에서 그 누구도 이러한 전체 시스템에서 빠져 나가지 못하는 사실을 일컫는다. 인류 모두가 지구라는 혹성 내에서 전 세계적 리스크를 똑같이 경험하면서 살 수밖에 없다는 말이다. 이때 사람들은 세 가지 방식으로 대응한다. 첫째, 비관론. 인간은 자신의 힘으로 어떻게 할 수 없는 압도적 영향력 앞에서 쉽사리 회의와 염세와 비관에 빠지게 된다. 둘째, 신앙에의 귀의. 알지 못할 영향력 앞에서 공포에 질린 사람들은 그것보다 더 큰 절대자에게 기대게 된다. 오늘날 세속화 경향이 역전되면서 그 어느 때보다 더 많은 사람들이 종교 활동에 참여하는 현상을 전 지구적 리스크와 연결시켜 이해할 수도 있을 것이다. 셋째, 사회 운동. 지구 온난화에 대처하기 위해 녹색 운동을 전개하고, 핵재난에 대응하기 위해 반핵 운동에 나서는 등의 움직임이 가시화되었다. 이제 인간의 운명을 인간 스스로 개척해야 한다는 깨달음이 민중의 각성과 결성으로 이어지고 있는 것이다.

기든스는 그러나 근대의 불확실성을 궁극적으로 통제할 방법은 없다고 믿는다. 기든스는 근대성을 거대한 트럭에 비유한다. 이러한 근대성은 부분적으로 인간에 의해 추동되지만 그것은 하나의 단일한 기계가 아니다. 근대성은 전진과 후진과 좌회전, 우회전이 복잡하게 뒤섞여 있는 거대한 트럭이기 때문이다. 따라서 인간이 근대성을 부분적으로 통제할 수는 있어도 그것을 완전히 통제할 수는 없다. 불안, 리스크, 이탈, 재설정 등의 요소들이 복잡하게 얽힌 기계가 바로 근대성이기 때문이다. 왜 이런 괴물 같은 근대성이 애초에 태어났는가? 시스템의 설계가 잘못되었는가? 아니면 운전사가 실수하기 때문인가? 기든스가 보기에 그것은 주로 '예기치 않은 결과'이거나, 아니면 '지식의 순환성' 때문에 일어난다. 따라서 인간은 어차피 사회를 완전히 통제할 수는 없다. 사회에 존재하는 권력 분포가 워낙 불평등하고, 사람들이 지닌 각자의 가치관이 워낙 다르기 때문이다. 바로 여기에 현대 세계의 불확실성의 근원이 있다는 말이다.

하지만 기든스는 완전히 낙담하지 않는다. 우리 인간은 시스템의 오작동에 맞서는 대항적 사고와 그 실천을 통해 근대성을 어느 정도 통제할 수 있다는 희망을 여전히 가질 수 있다는 말이다. 이것을 그는 '유토피아적 현실주의'라고 부른다. 이러한 좋은 사회를 만들기 위해 고려되는 측면들로서 기든스는 생명의 정치, 해방, 자아실현, 자아 정체성 등을 중요하게 꼽는다.

기든스가 유토피아적 현실주의로서 근대성의 통제, 그리고 불확실성의 부분적 제거를 꿈꾼다면 존 그레이는 근대성 자체에 의문을 던지는 것으로 그의 질문을 시작한다. 역사와 인간 진보를 파악하는 근대인의 사고 방식 자체가 잘못됐다는 것이다. 그레이는 근대 계몽주의의 뿌리에는 지상 낙원을 건설할 수 있다는 세속적 유토피아 사상 — 본질적으로 잘못된 믿음 — 이 깔려 있다고 지적한다. 이런 유토피아 사상 때문에 20세기만 놓고 보더라도 수백만, 수천만의 민중이 살해되었다는 것이다. 그레이는 인류의 근대성 기획은 인간의 내재된 프로그램적 사고 방식에서 유래했다고 비판한다. 그것이 종교이든, 정치이든, 세속적 흐름이든 간에 이 땅에 유토피아를 건설할 수 있다고 믿는 행위 자체가 인간의 능력을 과신한 잘못된 믿음이라는 말이다. 종말론적인 종교나 세속적 유토피아 사상이 모두 비슷한 양상을 보인다는 분석이다.

놀랍게도 그레이는 오늘날 기승을 부리고 있는 기독교 근본주의의 뿌리가 프랑스 혁명의 자코뱅주의, 러시아 혁명의 볼셰비즘, 제2차 세계 대전의 나치즘과 연결되어 있다고 본다. 근대 정치의 근저에 기독교가 자리 잡고 있고, 오늘날 정치에서 노골적인 기독교적 수사가 나타나고 있는 것도 이러한 역사적 뿌리 때문이라는 것이다. 어떻게 기독교와 근대 세속 정치 사상의 뿌리가 연결되어 있는 것일까? 그레이에 따르면 근대 세속적 혁명 사상을 추동했던 공산주의와 파시즘은 고대 기독교의 신화를 부활시킨 정치 운동이었다고 한다. 두 사상 모두, 거대한 투쟁 기간이 지나고 나면, 선택된 민중들 ― 공산주의에서는 무산 계급, 나치즘에서는 아리안 민족 ― 에게 최적의 사회적 조건이 나타날 것이라는 믿음을 품고 있었다. 그러므로 변화를 위한 혁명 과정에서 나타나는 폭력에는 일종의 구세사적 메시지가 깔려 있다. 공산주의 및 파시즘과 같은 세속 사상과 기독교의 사상적 뿌리가 연결되어 있다는 주장은 대단히 놀라운 주장이지만 그레이에 따르면 세속적 혁명 사상에서 드러나는 '역사의 종말' 그리고 최후의 투쟁 등의 개념이 초기 기독교 교리에서도 잘 나타난다고 한다. "따라서 역사의 물길을 바꾸려는 혁명 사상은 종교에서 비롯된 것이다."

이러한 혁명 사상에서만 기독교의 영향이 발견되는 것은 아니다. 자유 민주주의 사상 역시 인류의 발전을 상정하는데, 이는 인류의 구원을 향해 달려가는 이미지를 가진 기독교 사상에서도 발견할 수 있는 은유라는 것이다. 그레이의 궁극적인 메시지는 근대의 모든 유토피아 사상들이 인간의 불확실한 생존 조건에 항구성과 예측성을 가져오려고 했지만 그런 시도들은 모두 실패했다는 것이다. 불확실한 조건 자체를 인간 사회의 내재적 특성으로 받아들이지 않는 한 이런 실수는 되풀이될 수밖에 없다는 것이 그레이의 경고이다. 기든스와 그레이로 대변되는 네 번째 흐름은 물론 구체적인 운동이라기보다 새로운 관점을 주장하는 쪽에 가깝다. 그러나 전근대와 구분되는 근대성의 근본적인 전제와 토대에 초점을 맞춘 이들의 비판에 공감하는 지식인들이 많이 존재한다는 사실로 미루어 보아 이러한 사상의 현실적 영향력을 무시할 수 없다고 하겠다.

| **나오면서** |

지금까지 살펴본 대로 현대 세계의 불확실성을 완전히 종식시킬 수 있는 방안이 현재로서는 딱 부러지게 존재하지 않는 것 같다. 전 지구적 재난의 가능성 앞에서 '타자의 소멸'이 인정된 것이 그나마 한 가지 확실한 사실이라고 하겠다. 현대의 국제 정치가 근대성의 영향하에서 불확실한 행보를 거듭하고 있는 것은 이성과 민주주의를 승인하는 근대성을 표면적으로 받아들이면서도 실제로는 힘의 정치, 현실주의 정치, 국익 위주의 국제 정치의 틀로부터 벗어나지 못했기 때문이다. 예를 들어 과거의 제국주의는 제국의 우월성을 확고하게 천명하면서 지배를 하려고 했지만 오늘날의 강대국은 적어도 겉으로는 평등한 국가 체제와 민주적 국제 질서를 말하면서 실제로는 제국주의적 패턴을 따르고 있다. 명분과 실질 사이에 큰 괴리가 있는 것이다. 또한 오늘날 전 세계 거의 모든 국가들이 글로벌 자본주의에서 자유롭지 않은 상태에 놓여 있다. 이 역시 불확실성을 증가시키는 요인이 되었다. 또한 위에서 말한 개혁적 모색, 급진적 모색, 근본 대안의 모색 등의 흐름에 대해서도 동일한 평가를 내릴 수 있다. 이들 각각의 장단점을 논한다 하더라도 각각의 입장이 기대고 있는 존재론, 인간론, 사회론, 인식론이 근본적으로 다르기 때문에 이들을 '객관적'으로 평가할 수 있는 단일한 기준은 존재하지 않는다. 다만 독자들 스스로가 스스로 설득이 되는 방향으로 어떤 노선을 '선택'해 '실천'하는 수밖에 없는 것이다. 단일한 판단 기준이나 보편적인 어떤 목표, 또는 전지전능한 신의 존재에 대해 만인이 동의하지 않는 세속주의의 상황하에서 이는 어쩌면 당연한 일인지도 모른다.

결론 삼아, 두 가지 길을 우리는 상상해 볼 수 있다. 그 하나는 근대성과 자본주의 체제 내에서 점진적으로 불확실성의 빈도와 범위를 줄여 나갈 방법을 찾는 것, 그것은 이성의 문제를 이성을 통해 해결하려는 방식, 그러나 불완전한 방식이 될 것이다. 다른 하나는 근대성과 자본주의를 뛰어넘는 새로운 세계를 꿈꾸는 방식이 있을 수 있겠다. 그 길은 상상력으로 가득 찬 미지의 세계이지만 또 다른 불확실성을 초래할 유토피아적 신화의 세계가 될 가능성도 배제할 수 없다. 그러므로 어느 길을 걷든 인류가 감당해야 할 불확실성을 완전히 배제할 수는 없을 것으로 생각된다. 그것이 인간 조건에 내재된 근원적인 질문일지도 모른다. 그런 뜻에서 프랑스 철학자 장 보드리야르의 냉정한 통찰로 이 글을 마무리하는 것도 의미가 있을 것이다.

"생각하기 시작하려면 당신 앞에 영겁과 같은 시간이 필요하고, 작디작은 결정을 내리기 위해서도 무궁무진한 정력이 필요하다. 세상은 갈수록 밀도가 높아져 간다. 하잘것없는 과업들이 우리 주변에 얼마나 많이 널려 있는가? 불확실한 저울에 수평을 맞추려면 수많은 추를 올려놓아야 한다. 당신은 이제 조용히 사라질 수 없게 되었다. 이제 당신은 완전한 불확정의 상황 속에서 죽어 가게 되었다."

2

불확실한 경제

박종현

최정규

우리의 적극적인 활동의 대부분은 수학적 기대치에 의존하기보다는 자생적인 낙관에 의존하는데, 이러한 인간적 특징은 불안정성의 중요한 원천이 된다. …… 어떤 적극적인 일을 행하려는 우리 결의의 대부분은 오직 야성적 충동, 곧 불활동이 아니라 활동을 하려는 자생적인 충동의 결과로 이루어질 뿐이다.

— 존 메이너드 케인스

불확실한 세상에서 경제학은 어떻게 가능한가?

박종현 | 진주산업대학교 산업경제학과 교수

| 야성적 충동이 지배하는 시장 |

지난 세기의 위대한 경제학자, 존 메이너드 케인스는 사람들이 실물 자산의 투자나 금융 자산의 매입 여부를 결정할 때 여타 경제 주체들의 행동이나 미래의 시장 상황 그리고 미래의 가격에 대한 충분한 정보 없이 판단을 내려야 한다는 자본주의 시장 경제의 고유한 특성에 주목했다. 이처럼 진정한 정보가 결여되어 있는 상태에서 지속적으로 의사 결정이 이루어지려면 이를 대신할 그 무엇이 필요한데, 그것이 바로 '기대'이다. 케인스의 『고용, 이자, 화폐에 관한 일반 이론』에 따르면, 자본주의 시장 경제란 "미래에 대한 사람들의 주관적 견해, 곧 기대의 변화가 현재의 상황을 좌우하는 경제 시스템"이며, 기대야말로 고용이나 산출과 같은 거시 경제 변수에 대한 궁극적인 결정 요인이라고 할 수 있다.

그런데 기대와 관련해 특히 중요한 것은 그 근거가 대단히 취약하다는 점이다. "우리의 적극적인 활동의 대부분은 수학적 기대치에 의존하기보다는 자생적인 낙관에 의존하는데, 이러한 인간적 특징은 불안정성의 중요한 원천이 된다. 미래에 영향을 미치는 인간의 결정은, 그러한 계산의 기초가 아예 존재하지 않는다는 점에서, 엄밀한 수학적 기댓값에 의존할 수 없다. 장래의 긴 세월에 걸쳐서만 완전한 결과가 나오는 어떤 적극적인 일을 행하려는 우리 결의의 대부분은 오직 야성적 충동(animal spirit), 곧 불활동이 아니라 활동을 하려는 자생적인 충동의 결과로 이루어질 뿐이다."

요컨대, 기대는 개인들의 경제적 행동을 가능케 하는 동시에 거시 경제 전체의 모습을 결정하는 핵심 동인임에도 불구하고 정념이나 감정 등이 혼합된 적극적인 활동에의 충동과 의지로 구성되어 있다는 점에서 정작 그 토대는 아주 취약하다.

야성적 충동은 자본주의 시장 경제의 긍정적인 힘이다. 미래를 알 수 없다는 숙명적인 한계에도 불구하고 사람들의 적극적인 행동을 뒷받침해 주는 추동력으로 작용하기 때문이다. 하지만 이 힘은 수학적 기댓값과 무관할 뿐 아니라 객관적 지식의 반영과도 거리가 멀고 극히 주관적인 기분이나 감정 나아가 요행에 의존하므로 확신의 상태가 조금만 뒤엉키더라도 급격하게 변동할 수 있다. 또한 그로 인해 경제 전반이 커다란 변화를 겪기도 한다는 점에서 야성적 충동은 부정적인 힘이기도 하다. 따라서 시간이 흐른 뒤에야 그 타당성이 입증되는 기업가의 투자 결정이나 수많은 투자자들의 상호 작용으로 인해 그 성패가 좌우되는 주식 투자의 경우에는 야성적 충동이 나름의 합리적 타산이 주관적인 야성적 충동을 보충하고 지지함으로써 있을 수 있는 손실을 크게 우려하지 않게 될 때 비로소 경제적 행동이 본격적으로 가능하게 된다.

케인스의 이러한 통찰은 실물 자산이나 금융 자산에 대한 투자 결정과 관련해 사람들의 기대가 낙관적인 방향으로 쏠릴 때에는 호황과 거품이 발생하고 반대로 기대가 비관적인 방향으로 돌변할 때에는 불황과 자산 가격 폭락이 찾아올 가능성이 대단히 높다는 인식으로 연결된다.

실제로 자본주의 시장 경제는 1920년대의 주가 거품과 그 뒤를 이었던 대공황, 1980년대의 부동산 거품 위에 이후 15년간 지속되었던 일본의 장기 불황 등의 역사적 사례를 통해 심각한 경기 변동 현상을 생생하게 보여 주었다. 경기 변동 속에서 자산 시장의 거품을 키우고 위험한 투자를 부채질했던 것은 미래에 대한 낙관적인 기대였다. 자산 시장의 투자 결정이 이처럼 비이성적 감정에 좌우된다는 점은 자본주의 시장 경제의 보편적인 특징이라고 할 수 있다.

| 안전 벨트의 역설 |

얼마 전의 미국발 금융 위기는 월가로 대표되는 휘황찬란한 새로운 금융 시스템이 시장의 시험을 통과하지 못했음을 의미한다. 골드먼삭스와 모건스탠리 등 초대형 증권사들이 사실상 파산했고, 금융 시스템의 복구를 위해 천문학적인 혈세가 동원되었다는 것은, 차입 의존도가 아주 높은데도 규제로부터 상대적으로 자유로운 금융사들이 금융 시장을 통해 자본을 배분하는 현대적인 금융 시스템에 무언가 결정적인 결함이 있었다는 점을 강력히 암시해 준다.

1980년대 초반까지만 해도 금융은 고객들의 예금으로 대출을 일으킨 후 해당 대출 채권을 만기 때까지 보유하면서 예대 마진을 주된 수익원으로 삼는 '대출-보유' 모형에 의존했다. 그러나 이러한 영업 방식은 미국의 국책 주택 담보 대출 기관들이 대량의 대출 채권으로부터 들어올 현금 흐름을 토대로 원리금의 지급을 약속하는 채권, 곧 모기지 유동화 증권(MBS)을 발행하기 시작하면서 '대출-매각' 모형이라는 새로운 영업 방식으로 대체되었다. 월가의 투자 은행들이 자산 유동화 증권들을 한데 모은 후 이들을 위험도가 상이한 조각들로 나누어 여러 투자자들에게 팔아치움에 따라 아찔할 정도로 현란한 파생 상품들이 만들어졌고 금융 시장의 규모도 비약적으로 커졌다. 현대 금융의 이러한 혁신은 참여자들에게 막대한 이익을 제공했으며, 그 수혜자들은 자본이 가장 생산적 용도로 쓰여 경제 성장을 돕는다는 주장을 펼쳤다.

그러나 AAA 등급을 받으며 가장 안전한 자산으로 보였던 첨단 금융 상품인 부채 담보부 채권(CDO)이 어느 날 갑자기 그 가격을 아무리 떨어뜨려도 매수자가 나서지 않는 가장 위험한 자산으로 돌변했고, 이 와중에 현대 금융 시스템은 전 세계를 벼랑 끝까지 몰아

넣게 되었다. 한동안 신용 파생 상품은 투자자들로 하여금 전반적인 투자 리스크를 제거하고 그들이 거래하기를 원하는 기업과 관련된 특정 유형의 리스크에만 집중할 수 있도록 함으로써 보다 안전한 투자를 가능케 하는 매력적인 상품으로 인식되었다. 그렇다면 보다 안전해 보였던 세상에서 위기는 왜 발생한 것일까? 리스크를 어떻게 볼 것인지에 따라 크게 두 가지 설명이 가능할 것이다.

우선, 신용 파생 상품 그 자체는 개별 투자자들이 직면하는 리스크를 실제로 줄여 주었지만, 투자자들이 부담해야 하는 리스크가 감소했다는 바로 그 사실이 이들로 하여금 보다 많은 리스크를 기꺼이 감수하도록 행태를 바꾸어 놓았고, 투자자들의 지나치게 공격적인 행동이 시스템 전체의 붕괴로까지 이어졌다는 설명이 그것이다. 이 입장에서 보자면, 첨단 금융은 경제 전반에 도움이 될 장점을 가지고 있었지만, 첨단 금융의 성공 그 자체가 사람들의 감각을 마비시켜 문제를 가져온 셈이 된다. 요컨대 개별 투자자들이 보다 안전하다고 느낄수록 이들은 책임감을 덜 느끼며 행동하게 될 것이라는 '안전 벨트의 역설'이 바로 여기에 해당한다. 안전 벨트를 한 운전자들은 사고가 나더라도 차창 밖으로 튕겨 나가지 않으리라는 것을 알기 때문에 속도를 높이게 되며, 전반적인 위험 수준은 오히려 커진다는 것이다.

하지만 첨단 금융의 리스크 약화 기능에 한층 비판적인 시각도 있다. 금융 기관들은 유동화와 파생 상품을 통해 특정한 리스크를 팔아치움으로써 포트폴리오를 안전하게 만드는 듯 보였지만, 실제로는 일상의 리스크를 극단적인 리스크(대단히 예외적임에도 최악의 경우 파산으로까지 이끌 리스크)와 맞바꾼 것일 뿐 리스크로부터 진정으로 해방된 것은 아니라는 주장이 그것이다. 이러한 입장에서 보자면, 금융 기관들은 낮은 리스크 위에 높은 수익을 거두고 있는 것처럼 보였지만, 진정한 리스크의 많은 부분은 실제로는 감추어진 채 여전히 남아 있었던 것이다. 이 경우, 투자 은행들은 높은 수수료를 챙기기 위해 고객들로 하여금 비우량 주택 담보 저당권(Subprime MBS)으로 만든 부채 담보부 채권(CDO)이 주택이나 국채 못지않게 안전하다는 환상을 불러일으키며 일종의 불량 상품을 떠넘겼다는 비난으로부터 자유롭지 못하게 된다.

과거의 위기와 이번 금융 위기는 어떻게 다른가?

지난번 미국발 금융 위기는 미래에 대한 비이성적이고 낙관적인 기대가 금융 부문의 거품을 쌓아 왔으며 이 과정에서 금융과 실물 사이의 괴리가 커졌다는 점에서 과거의 위기와 공통점을 갖는다. 물론 금융 공학의 개가이자 현대판 연금술로까지 칭송받았던 정교한 수학 모형이 금융 시장 참여자들의 비이성적 판단을 정당화하고 부추기면서 불확실성과 불안정성을 오히려 증폭시키는 결과를 낳았다는 차이도 있다.

그동안 많은 경제학자들은 정교한 수학 모형을 통해 리스크를 관리하고 통제함으로써 경제적 삶을 한층 풍요롭게 할 수 있다고 믿었다. 그러한 이유로 리스크를 측정하고 가격을 매기려는 금융 시장의 시도들이 첨단 금융 공학이라는 이름으로 확대되었다. 이들은 증권화와 파생 상품을 통해 금융 상품 구매자들이나 관련 주체가 개별적으로 감당하는 리스크를 분산시키고 시스템 전체의 리스크 또한 크게 줄일 수 있다는 신념을 오랫동안 키워 왔다. 발생 가능성이 상대적으로 높다고 판단되는 리스크에 대해서는 불확실한 자산을 확실한 자산으로 대체 — 헤지(hedge) — 하고 발생 가능성이 상대적으로 낮다고 판단되는 리스크는 기꺼이 감수함으로써 돈을 벌 수 있다는 믿음이 굳어진 것이다. 탐욕과 광기가 낳은 행동을 이성과 수학에 근거한 선택처럼 포장함으로써, 대단히 위험한 행동을 아주 안전한 선택으로 위장한 채 시장 전체의 리스크를 오히려 부풀려 놓았다.

금융 전문가들이 남의 돈을 단기로 빌려 유동성이 떨어지는 장기 자산에 거침없이 투자를 하고 나아가 신용도가 현저히 떨어지는 서브프라임 모기지 대출에 과감히 발을 담글 수 있었던 것도 리스크를 현명하게 관리할 수 있다는 바로 그 자신감 때문이었다. 그러니까 리스크를 측정하고 이들에 가격을 매기려는 금융 시장의 시도들 그리고 이때 동원된 수학 모형들이 시장을 한층 위험하게 만들었던 것이다.

이 점과 관련해 케인스의 전기 작가로 잘 알려진 로버트 스키델스키의 주장을 경청해 볼 필요가 있다. 그는 금융 위기란, 세상 사람들의 관심이 무언가 가치 있는 생산을 통해 돈을 벌기보다는 값싼 금리로 돈을 빌려 남의 돈으로 손쉽게 투자 수익을 거두는 방향으로 바뀐 점과 밀접한 관련이 있으며, 이처럼 부채에 의존해 성장하는 경제로의 이행을 이끈 결정적인 이론적 근거가 바로 불확실성을 리스크로 다시 정의한 것이었다고 주장한다.

그에 따르면, 불확실성에 대한 대처는 전통적으로 도덕적 문제였으나 이것이 리스크에 대한 대처로 바뀜으로써 불확실성에 대한 대처 또한 순전히 기술적 문제가 되어 버렸다고 한다. 사람들은 영혼이 불멸일지도 모른다는 인생의 주요한 불확실성에 대해서는 도덕을 삶의 주요한 안내자로 존중했으며, 세속의 평범한 불확실성에 대해서는 관습이나 경험 법칙에 의존해 대응해 왔다. 하지만 이제 미래의 사건들이 계산 가능한 리스크로 분해되고, '리스크 선호도'에 따라 다양한 대응이 가능한 전략들과 기법들이 개발되는 한층 확실해 보이는 상황 속에서, 사람들은 주저 없이 탐욕을 실현하기 위해 나서게 되었고, 결국 이 세상을 재앙의 끝으로까지 몰아갔다는 것이다.

| 리스크 vs. 불확실성 |

그런데 경제학의 서가에 잔뜩 쌓여 있는 먼지들을 털어내면 불확실성과 리스크를 구분해야 한다는 발상이 아주 새로운 것만은 아니라는 점을 알게 된다. 그리고 모든 경제학자들이 수학 모형을 통해 리스크를 통제하고 금융을 확대하는 데 동의하지는 않았다는 점도 확인할 수 있다.

경제학에서는 일반적으로 사람들이 어떤 경제적 결정을 내리는 과정에서 의존하는 정보의 성격과 관련해 확실성, 리스크, 불확실성, 무지(無知)를 구분한다. 확실성이란 무엇이 일어날지를 확정적으로 알고 있는 경우를 말한다. 리스크란 무엇이 일어날지 확정적으로는 알 수 없으나, 일어날 수 있는 상태는 알고 있고 그 확률 분포도 알고 있는 경우를 말한다. 반면, 불확실성은 일어날 수 있는 상태는 알고 있으나, 그 확률 분포를 알지 못하는 경우를 말한다. 마지막으로 무지란 무엇이 일어날지, 어떠한 상태가 일어날지, 전혀 예견할 수 없는 경우를 말한다. 거칠게 말하자면, 예전의 경제학자들이 불확실성과 무지의 중요성을 상대적으로 더 강조하면서 인간 지식이 가지는 한계와 경제적 결과의 불확정성에 한층 주목했다면, 오늘날의 경제학자들은 리스크에 대한 강조를 통해 경제적 상황에 대한 인간의 장악 능력을 과신하는 경향이 있다.

경제학의 역사에서 리스크와 불확실성에 대한 최초의 체계적인 구분은 자유 방임 시장 경제의 강력한 옹호 집단인 시카고 경제학파를 사실상 태동시켰던 프랭크 나이트의 작업에서 찾을 수 있다. 그는 『리스크, 불확실성 그리고 이윤』에서 불확실성과 리스크를 구분하는 것이 중요하다고 역설한다. "불확실성은 유사한 개념인 리스크와 근본적으로 다른 것임에도 그동안 리스크와 제대로 구분되지 못했다. 중요한 사실은 리스크가 어떤 경우에는 측정 가능한 양을 의미하는 반면, 이러한 성격을 명백하게 지니는 것으로 제시되지 않기도 한다는 점이다. 그러나 이들 두 개념은 실제로 제시되고 작동하는 과정에서 본질적인 차이가 있다. 측정 가능한 불확실성, 곧 리스크는 결코 불확실성일 수 없다는 점에서 측정 불가능한 불확실성과는 다른 것이다."

이러한 통찰 위에 나이트는 '사전적 확률', '통계적 확률' 그리고 '직관적 추정'이라는 상이한 세 유형의 확률 개념을 제시한다. '사전적 확률'이란 수학의 명제와 동일한 논리적 평면 위에 있으며 확률 분포를 사전에 확실하게 알 수 있는 경우로, 주사위를 던져 특정 숫자가 나올 확률을 말한다. '통계적 확률'은 잘 정의된 경험적 자료의 통계적 분석을 통해 확률 분포를 확정할 수 있는 경우로, 발생하는 사건들의 빈도에 대한 경험적 평가와 사례의 경험적 분류에 의존한다. 한편, 사례들을 분류하는 과정에서 어떠한 타당한 기초도 존재하지 않는다면, 경험적 자료가 통계적 분석에 기여를 하지 못하며 오직 직관적 추정만이 유효해진다. 사전적 확률과 통계적 확률이 리스크 개념으로 포섭이 되는 반면, 직관적 추정은 불확실성의 개념과 밀접하게 연결된다.

사업의 세계와 이윤의 본성에 관심을 가졌던 나이트는 '직관적 추정의 문제'를 '확률의 논리' — 그것이 사전적 확률이든 통계적 확률이든 — 그리고 그 귀결로서의 '리스크의 논리'로 접근하는 세태를 경계했다. 그의 입장에서 보자면, 미래에 일어날 어떤 사건들의 경우에는 너무도 복잡하고 독특해서 그 사건의 추정된 확률값을 알고 싶어도 추론의 근거가 될 충분한 사례를 모으는 것이 불가능하다. 가령 사업에서의 결정은 너무도 독특한 상황들을 다루는 것이므로 어떠한 통계 자료도 유용한 지침이 되기가 어렵다. 나이트는 자본주의 경제는 본질적으로 리스크가 아닌 불확실성의 지배를 받는다는 인식 위에, 기업가가 불가피한 불확실성을 견뎌 내는 것에 대한 보상, 곧 자신의 행동이 어떠한 결과를 낳을지를 전혀 예측할 수 없는 상황에도 사업을 감행하는 것에 대한 보상이 바로 '이윤'이라고 주장했다.

한편, 나이트와는 다른 이념적 입장을 가졌던 존 메이너드 케인스도 리스크와는 상이한 의미를 갖는 불확실성에 큰 무게를 두었다. 그는 고전학파 경제학에 대단히 비판적이었는데, 가장 큰 이유가 바로 이들의 경제 이론은 변화나 기대와 결과 사이의 괴리 가능성을 고려하고 있었음에도, 사실과 기대 그리고 리스크가 확정적이고 계산 가능한 것으로 상정되어 있다고 보았기 때문이었다. 케인스가 보기에 고전학파 경제학자들은 확률 계산을 통해 불확실성을 확실성처럼 계산 가능한 것으로 환원할 수 있다는 잘못된 믿음을 지니고 있었으며, 그 결과 그들의 이론 속에서 경제 주체인 호모 에코노미쿠스(*Homo economicus*)들은 고통과 쾌락의 미적분학이라는 벤담의 세계 속에 놓여 있는 것으로 상정되고 있었다. 그가 생각하는 불확실성이 과연 무엇인가를 케인스 자신의 진술을 통해 확인해 보자.

내가 말하는 '불확실한 지식(uncertain knowledge)'은 확실히 알고 있는 것
과 확률적으로만 알고 있는 것에 대한 단순한 구분을 뛰어넘는다. 룰렛
게임은 이러한 의미에서의 불확실성에 전혀 직면하지 않는다. 복권 당첨
의 전망도 마찬가지이다. 또 평균 수명에 대한 기대는 단지 약간만 불확
실할 뿐이다. 심지어 날씨도 보통으로만 불확실할 뿐이다. 유럽 전쟁의
전망·주석 가격이나 이자율 또는 새로운 발명의 낙후화·1970년대 부
자의 사회적 지위 등이 바로 내가 말하는 불확실성과 관련된 것이다. 이
러한 문제들은 모두 어떠한 계산 가능한 확률을 형성할 과학적 기초가
없다는 공통점을 갖고 있다. 우리는 단순히 알지 못할 뿐이다. 그럼에도
불구하고 의사 결정 및 행동의 필요성으로 인해 현실인으로서의 우리는
최선을 다해 이러한 거북한 사실들을 덮어 둔 채 적절한 확률에 의해 곱
해질 일련의 이득 및 손해의 전망들에 대한 홀륭한 벤담적 계산을 뒤에
가지고 있는 것처럼 행동하게 된다.'[1]

케인스의 진술로부터 불확실성의 진정한 의미는 '알지 못한다.'라
는 사실 그 자체에 있는 것이 아니라 '무엇에 대해 알지 못하는가?'
의 문제, 곧 '불확실성의 대상'과 관련되는 것이라는 점을 확인할
수 있다. 케인스가 말하는 룰렛 게임의 결과나 내일의 날씨는 현재
그 결과를 알지 못한다는 점에서 불확실하지만 객관적 발생 확률

•1 Keynes, The General Theory of Employment, *The Quarterly Journal of Economics*, 1937

을 부과할 수 있다는 점에서 리스크로 분류될 수 있다.

내일의 회사채 이자율과 내일의 날씨는 현재의 시점에서 그 값을 모른다는 점을 제외하고는 어떠한 공통점도 없다. 날씨는 우리의 관찰이나 기대와는 독립적으로 매일 반복되는 자연 현상이다. 이 경우에는 아직 확정되지 않은 미래에 대한 예측이기는 하지만, 어떤 계산 가능한 확률에 근거해 예측하는 것이 이러한 확률에 근거하지 않고 예측하는 것보다 평균적으로 우월한 결과를 낳을 수 있다는 의미에서, 객관적인 확률을 형성할 과학적 기초를 갖는다고 할 수 있다. 반면 내일의 이자율 경우에는 이러한 객관적·과학적 기초가 존재하지 않는다는 것이 케인스의 주장이다. 이자율은 사람들의 기대와 바람에 영향을 받을 수밖에 없으며 따라서 어떠한 사전적 기준에 따른 확률에 근거해 예측하는 것이 확률에 근거하지 않고 예측하는 것보다 반드시 평균적으로 우월한 결과를 낳는다는 보장이 없기 때문이다. 이처럼 내일의 이자율에 대해 관심을 갖고 있는 사람은 무언가 기댈 수 있는 '객관적'·'과학적' 근거를 전혀 갖지 못한 채 전반적인 무지의 상태에 놓여 있게 된다. 케인스가 불확실성의 예로 들고 있는 관심사들은 시간의 경과 속에서 현재 고려에 넣지 않았던 사건들의 발생에 영향을 받는다. 반면 룰렛 게임의 결과나 내일의 날씨의 경우에는 이러한 관심사들에 비해 여타 사건들의 영향을 덜 받을 뿐 아니라 시간 간격이 훨씬 짧기 때문에 전반적인 무지의 상태와는 거리가 멀다고 할 수 있다.

그러므로 리스크란 무엇이 일어날지 확실히는 알 수 없으나, 그 확률 분포를 알고 있는 경우를 지칭하는 용어임에 반해, 불확실성이란 일어날 개연성은 있으나, 그 확률 분포를 알지 못하는 경우를 지칭하는 용어라고 할 수 있다. 리스크와 관련된 행동의 대표적인 사례로는 주사위 도박을 들 수 있다. 돈을 건 시점에는 구체적으로 어떤 숫자가 나올지는 모르지만 그 숫자가 나올 확률이 6분의 1이라는 것 그리고 여러 번 반복했을 때는 이항 확률 분포를 갖는다는 점을 알 수 있기 때문이다. 따라서 이러한 승부에서는 수학에 능숙한 사람일수록 유리하다.

반면, 불확실성과 관련된 행동의 대표적인 사례로는 주식 투자가 있다. 주식 투자는, 미래에 자신의 운을 거는 일종의 도박이라는 점에서는 주사위 도박과 비슷하지만, 해당 시점에서 성공 여부를 알 수 없을 뿐만 아니라 그 성공 여부가 경제 전반의 상황이나 시장 참여자들의 선택 등 대단히 복잡한 수많은 요인들의 상호 작용에 영향을 받기 때문에 성공 확률을 수학적으로 상정하는 것이 아예 불가능하다. 이는 의사 결정에 필요한 정보나 지식이 존재하지 않거나, 혹은 크게 부족한 상황이다. 이때 주식 투자자들은 새로운 정보를 얻는 데 노력을 기울이기도 하지만 본능이나 감정 등 감성적 부분에 기대서 판단을 하게 된다. 리스크를 관리하고 상황을 통제할 수 있다는 잘못된 확신 위에서 수학 모형에 의존하는 것은 보다 위험한 행동을 부채질하게 된다. 실제로 나름의 수많은 정보나 복잡한 수학 모형으로 무장한 전문 투자자가 '감'이나 주먹구구식의 기준에 의거해 투자를 행하는 사람들에 비해 우월한 실적을 보이지 못하는 경우가 많다. 주식 투자는 리스크가 아니라 불확실성과 관련되는 경제 활동임을 반영한 결과라고 할 수 있다.

나이트나 케인스의 이러한 이론적 통찰은 실험 경제학과 행동 경제학의 최근 연구 성과에서도 입증되고 있다. 사람들의 뇌 영상을 촬영할 때, 단순한 도박이어서 판돈을 딸 가능성, 곧 승산이 분명하게 알려지는 경우에는 학습과 연관된 뇌 부위인 선조체가 활성화되며, 승산이 분명하게 알려지지 않는 게임에서는 보다 감성적인 영역인 편도체와 안와 전두엽 부위가 활성화된다고 한다. 이때 편도체는 경계, 공포, 쾌락과 관련되는 부분이고, 안와 전두엽은 감성과 인지적 투입물을 결합시키는 역할을 맡는다. 뇌과학의 이러한 연구 성과는 미지를 향한 도약과 관련되는 결정에서 수학적 논리가 별다른 역할을 하지 못한다는 것을 말해 준다. 곧 실물 자산이나 금융 자산에 투자를 하거나 직장을 바꾸거나 결혼을 고려하는 등의 불확실한 상황에서 논리가 아닌 '감정'과 '직감'이 결정적 역할을 담당하는 것이다.

이와 더불어, 사람들은 일반적으로 불확실성이 큰 게임보다는 위험하더라도 결과가 분명한 게임을 선호한다는 실증 연구도 있다. 불확실성은 우리 무지의 척도인 반면, 리스크는 알 수 있는 모든 것을 다 알더라도 남아 있는 어떤 것이다. 뇌 과학의 연구 성과가 우리에게 시사해 주는 것은, 사람들은 리스크에 대해서는 숙명이나 운으로 받아들이는 반면, 알 수 있음에도 알지 못하는 불확실성에는 한층 부정적으로 반응한다는 점이다.

케인스는 이처럼 불확실성이 지배하는 상황에서 사람들은 다음과 같은 세 가지 수단 또는 행동 원리에 근거해 합리적인 존재처럼 행동한다고 보았다. 첫째, 사람들은 현재의 상태가 미래에도 계속될 것이라고 가정함으로써, 현재를 미래의 지침으로 삼는다. 즉 우리가 잘 알지 못하는 미래의 있을 수 있는 변화를 무시하고 행동하는 것이 첫 번째 지침이다. 둘째, 가격이나 산출량으로 표현된 현재의 견해가 제대로 된 미래 전망의 총합이라고 가정한 채, 새로운 사건이나 소식이 알려지지 않는 한, 이들 가격이나 산출량을 그 자체로 받아들이기도 한다. 셋째, 각 개인의 판단이 무의미하다는 것을 알기 때문에 대신 더 많은 정보를 가지고 있을 수도 있는 나머지 다른 사람들의 판단에 의존해 다수의 행동을 따르는 상황도 있다. 이처럼 다른 사람들을 모방하려는 개인들로 구성된 사회의 심리학은 '관습적 판단'으로 연결된다.

하지만 이처럼 세 가지 원리에 근거한 행동들은 그 근거가 대단히 취약하기 때문에 돌발적으로 격렬하게 변하기가 쉽다. 새로운 희망과 두려움이 인간의 행동을 바꾸어 놓게 되며, 미망의 힘이 갑작스럽게 가치 평가의 새로운 관습적 기초를 부과하게 되는 것이다.

경제의 이면에는 근거도 없는 공포와 막연하고도 비이성적인 희망 사이에서 부단히 동요하는 불확실성의 원리가 자리 잡고 있다. 이는 강의실에서 만들어진 정교한 기법들과 그것에 맞물려 잘 돌아가는 듯 보이는 시장들이 언제라도 붕괴될 수 있음을 의미한다.

| 불확실한 상황에서 합리적인 행동은 어떻게 가능한가? |

　이처럼 리스크와 불확실성은 본성상 다른 것이며, 오늘날 현대
인들의 삶이 다양한 형태의 불확실성으로 제약받고 있다면, 불확
실한 상황에서 진정으로 합리적이고 이성적인 판단은 불가능한
가? 또한 불확실성을 줄일 수 있는 방법은 없는 것인가? 이러한 문
제에 대해 속 시원한 대답을 찾기가 쉽지는 않다. 하지만 우리는
『확률론』에 나오는 케인스의 통찰에서 어느 정도의 실마리를 얻을
수 있다.

　전통적 경제학이 희소성의 조건에서 이루어지는 선택의 논리에
주목했다면, 케인스는 불확실성의 조건에서 이루어지는 선택의 논
리에 주목했다. 또한 전통적 경제학이 자원의 효율적 배분과 물질
적 부(富)의 확대에 관심을 집중했다면, 케인스는 선하고 행복한 윤
리적 삶의 실현 가능성에 더 큰 관심을 기울였다. 이러한 문제 의식
위에 케인스는 불확실성 아래서 합리적이고도 이성적으로 행동하
기 위해서는 확률과 윤리의 도움을 받아야 한다고 믿었다. 확률이
자신의 행동이 가져올 가장 있음직한 결과가 무엇인가에 대한 천
착이라면, 윤리는 그런 결과가 세상을 좀 더 나은 곳으로 만드는가
하는 고민과 연결된다. 이때 특별한 의미를 지니는 것이 바로 '확
률'이다. 케인스에게 확률은 개인들이 불확실성이라는 안개를 헤
치고 합리적이고 윤리적으로 행동하도록 도와주는 그 무엇이었다.

　그런데 이때 케인스가 주목하는 확률이란 수학적 의미에서의

확률이 아니라 논리적 엄밀성으로서의 확률이다. 모든 논증 또는 판단은 일련의 전제들 또는 자료들로부터 결론으로 나아가는데, 케인스의 이론에서 확률은 전제와 결론 사이의 논리적 관계에 관한 것으로, 확률이라는 안내자가 제공하는 것은 완벽한 확실성이 아니라 자신의 행동에 어느 정도의 확신을 줄 수 있을 만큼의 확실성이다. 가령, 지난 한 주 내내 비가 왔고, 앞으로 며칠은 비가 그칠 거라는 정보가 없다면, "내일도 비가 올 것"이라는 명제의 확률은 높다고 보아야 한다. 이때 이 명제는, 이용 가능한 정보로부터 내일 비가 올 것이라는 명제가 명백하게 추론되지는 않으므로, 완벽하다고 볼 수는 없다. 하지만 이 명제가 높은 정도의 확실성을 갖는다는 믿음은 합리적이라고 할 수 있다. 이와 관련해 케인스는 전제와 결론 사이의 논리적 관계에 관한 지식은 지적인 직관을 통해, 곧 전제가 결론에 주는 도움에 대한 세심한 성찰에서 얻어진다는 점을 강조한다. 그러나 지적 능력이란 사람마다 역사마다 다르므로, 모든 논리적 관계가 모든 시점에서 모든 개인들에게 알려질 수는 없다. 우리의 논리적 통찰력에 의존하는 가운데 어떤 확률들은 알려지는 반면, 또 다른 확률들은 알려지지 않기도 한다.

한편, 케인스는 불확실한 상황에서의 합리적 의사 결정을 이해하기 위해서는 '논증의 가중치'라는 요인도 필요하다고 주장한다. 가중치는 개연적 믿음을 뒷받침하는 증거의 양을 의미하며 결론의 전제가 되는 자료들의 현실적 근거가 얼마나 탄탄한지를 가늠하는 수단이라고 할 수 있다. 가중치가 높은 논증은 많은 정보에 바탕을 두고 있어 근거가 튼튼하며, 따라서 그 확률이 높은가의 여부와 무관하게 높은 신뢰도를 갖는다. 적은 정보 속에서 나와 가중치가 낮은 논증은 그 기반이 취약하며, 그 확률이 높을지라도 신뢰도는 낮을 수밖에 없다. 이는 다른 조건이 같다면, 가중치가 높은 판단을 선택하는 것이 합리적임을 말해 준다. 논증의 가중치가 낮거나 무지의 정도가 클 때, 본능과 직관 그리고 관습과 제도의 도움을 받아 행동하는 일이 많아진다.

요약하자면, 불확실성하에서의 의사 결정은 어떤 명제 또는 사건에 부여된 믿음의 상대적 정도(곧 확률 분포)에 대한 평가는 물론, 어떤 명제 또는 사건의 전체 집합에 관한 증거들의 절대적 정도(곧 논증의 가중치)에도 의존해야 한다. 또한 불확실성하에서 인간의 합리적 행동을 이끄는 원칙과 관련해, 자료가 주어진 상황에서의 확률은 객관적이지만, 자료의 선택은 주관적임을 의미한다. 따라서 인간의 정신은 전제, 곧 논증의 자료와 명제 또는 결론 사이의 관계를 인식함으로써 불확실성을 확률로 환원할 수 있으며, 이를 통해 신뢰할 만한 결론을 내릴 수 있게 된다. 이는 결국 불확실성이 높은 상황, 가령 기업가가 투자 결정이나 중요한 경영 의사 결정을 하는 상황에서는 수학 모형에만 의지해서는 안 되며, 기업가 자신의 오랜 경험에서 우러나오는 직관과 통찰에 기대야 함을 의미한다.

케인스는 여기에 더해 '도덕적 위험'의 원칙을 제시함으로써, 가능성이 적어 보이는 큰 선을 목표로 하는 것에 비해 성취의 가능성이 좀 더 커 보이는 작은 선을 목표로 하는 것이 더 합리적이고 바람직한 행동임을 강조한다. 이것은 사회 개혁에 있어 혁명적 변화보다 점진적 변화를 선호하는 입장으로 연결된다. 이처럼 확률을 논리적이고 객관적인 추론으로서 새롭게 자리매김하고 여기에 논증의 가중치와 도덕적 위험이라는 개념까지 추가하게 되면, 이제 확률은 불확실성하에서의 의사 결정에 대한 현명한 안내자이자 윤리를 위한 수단이라는 새로운 지위를 얻게 된다.

| 불확실성을 리스크로 전환하기 |

불확실성하에서는 논리적이고 객관적인 추론으로서의 확률과 보다 많은 지식의 도움을 받아 합리적인 판단과 선택이 가능하다는 케인스의 통찰은 불확실성에 직면한 각 개인의 행동 지침으로 해석될 수 있다. 그런데 불확실성은 사람들의 협력에 기초한 공동 행위를 통해서도 줄어들 수 있다. 보험이라는 제도를 통해 개인적 차원의 불확실성을 집단적 차원의 리스크로 바꾸어서 불확실한 미래에 보다 효과적으로 대비하는 것이 대표적인 사례이다. 개인별로는 화재 발생 가능성이나 질병에 걸린 가능성과 같은 특정한 사건과 관련해 누적된 방대한 데이터가 존재할 수 없다. 따라서 개개인의 차원에서는 확률 분포란 존재하지 않으며, 이는 각 개인의 경우 수많은 불확실성에 노출되어 있음을 말해 준다. 그런데 특정한 사건에 직면해 있는 개인들의 처지를 한군데로 모은다면 보다 많은 자료를 얻을 수 있기 때문에 불완전하나마 확률 분포를 만들 수 있다. 따라서 보험과 같은 방식을 통한 리스크 관리도 가능하게 된다. 우리가 이용하고 있는 자동차 보험이나 손해 보험이 바로 여기에 속한다.

최근에는 이러한 원리를 사회와 경제 전반에 확대 적용해 우리의 삶을 한층 안전하게 만들 수 있다는 주장도 제기되고 있다. 1990년대의 주가 거품과 지난 몇 년간의 부동산 거품에 대한 날카로운 경고로 주목을 받았던 로버트 실러는 이런 관점에서 장밋빛 전망을 내놓았다. 그는 잘 발달된 정보 기술 및 시장의 도움을 받아 삶의 불확실성이 가져올 부정적 파장을 줄이는 일이 충분히 가능하며, 일자리의 소멸이나 직종의 부침과 같은 무작위적인 경제적 충격을 줄여 주고 불평등까지도 완화시킬 수 있다고 믿었다. 그에 따르면, 시장은 리스크를 감당하려 하지 않으려는 측으로부터 기꺼이 감당하려는 측으로 이전하는 데 탁월한 능력을 발휘한다. 가령 보험은 주택 화재에 따른 비용을 주택 소유주로부터 보험사와 그 주주들에게로 옮길 수 있으며, 주식 시장 상장은 사업의 리스크를 소수의 가족으로부터 수많은 투자자들에게로 이전할 수 있다.

이러한 상황에서 각 개인별 소득에 관한 정보를 확보하고 소득과 여타 경제 변수들 사이의 상관 관계에 관한 데이터베이스를 만들어 이를 계속 정교화하고 자료도 갱신한다면, 개인들은 맞춤형 리스크 관리 서비스를 적극 활용해 자신의 소득이나 자산이 크게 감소할 리스크를 현저하게 줄일 수 있다. 사람들은 자신이 속한 지역의 평균 소득과 금융 스와프 거래를 함으로써 리스크를 줄이고, 주택 지분 보험 계약을 통해 집값 하락으로부터도 자신을 보호할 수 있게 되며, 나아가 신규 기술이나 외국인 노동자로 인해 일자리를 잃을 것에 대비해 보험을 드는 등 살아가면서 접하게 될 보다 광범위한 불확실성까지도 능동적으로 관리할 수 있게 된다. 물론 현재로서는 해당 리스크를 확실하게 수량화하는 것이 불가능하므로 기존 보험사가 이들 리스크를 다루는 것은 곤란하겠지만, 데이터 관리 기술이 개선되고 개인의 전 생애에 걸친 이력을 정확하게 기록할 수 있게 된다면, 보험의 범위는 극적으로 확대될 수 있다.

실러의 이러한 낙관적 전망은 나름의 설득력을 가지며, 정보와 지식의 축적에 따라 리스크 관리 차원에서 불확실성을 줄일 수 있다는 케인스의 통찰과도 들어맞는 것으로 보인다. 우리 삶과 직결되는 여러 부분들 중에는 미래의 투자 결정이나 향후 주가 전망처럼 확률 분포를 아는 게 사실상 불가능한 영역과는 달리 화재나 자동차 사고처럼 축적된 정보를 통해 불확실성을 줄일 수 있고 개략적이나마 확률 분포를 추정하는 게 가능한 영역도 적지 않기 때문이다.

| 희지만 사악한 백조의 시대 |

그러나 정보 기술이나 시장의 발달에도 불구하고 리스크를 효과적으로 다루는 것은 여전히 어렵다. 리스크는 사과나 자동차처럼 쉽게 거래될 수 없기 때문이다. 리스크 매매와 관련해 어느 정도의 가치를 부여할지에 대해 의견이 다를 수도 있다. 그리고 인간의 심리적 특성과 특유의 쏠림 현상으로 인해 낙관적 기조가 지배적인 상황에서는 리스크의 거래가 원활하게 이루어지더라도, 미국발 금융 위기를 통해 확인되었던 것처럼, 리스크를 관리하려던 시도가 오히려 사회 전체적으로 리스크를 증폭시키는 결과를 낳을 수 있다.

반면 경제 전반의 불확실성이 커지고 비관 심리가 확산될 경우에는 모든 이들이 유동성을 극단적으로 선호하는 가운데 아무도 리스크를 매수하려 하지 않음으로써 시장이 작동을 멈추고 리스크의 거래 자체가 불가능해지는 상황이 나타나기도 한다.

그러나 이러한 상황에서 모집단을 키우고 가입자 수를 획기적으로 늘릴 수 있다면, 집적된 정보량이 늘어남에 따라 보다 안정적인 확률 분포를 얻을 수 있게 되며, 여러 가입자들 사이에 리스크를 보다 효과적으로 분담시킴으로써 불확실성을 한층 줄이는 것이 가능해진다.

이러한 사정들을 고려할 때, 삶에서 차지하는 중요성이 큰 영역들이라면 민간이 아닌 정부가 보험 업무를 담당하는 게 불확실성에 대한 보다 합리적인 대응이 된다.

실제로, 대부분의 선진국들 경우에는, 19세기 말 독일의 비스마르크가 전체 노동자들을 대상으로 국가 주도의 질병 보험과 재해 보험 등을 실시한 이래, 사회 문화적 전통이나 노조 및 시민 사회의 정치적 발언권에 따라 다소간의 차이는 있지만 실업 보험·산재 보험·국민 건강 보험·공적 연금과 같은 사회 보장 제도를 발전시켜 국민들이 예측 가능하고도 안전한 삶을 누릴 수 있도록 노력해 왔다.

이 점에서 그동안 사회 전반의 안정성과 예측 가능성을 뒷받침해 왔던 사회 보장 제도를 해체하고 대신 금융 시장을 적극 활용함으로써 우리 삶의 근본적인 불확실성에 더 잘 대비할 수 있다는 일각의 시도는 치명적인 결과를 가져올 가능성이 대단히 높다. 미국에서는 공적 연금 급여금으로 사용되고 있는 세율 12.6퍼센트의 사회 보장세 중 4퍼센트를 개인 계좌에 적립해 이를 주식에 투자함으로써 연금 재정 부담을 줄이고 은퇴 후 연금액도 늘리자는 안을 부시 행정부가 제시한 바 있다. 우리나라에서도 국민 연금의 주식 투자 비중이 계속 늘어나고 있으며, 국민 건강 보험을 축소하고 대신 민간 사보험을 확대하자는 주장이 제기되고 있다.

그러나 사회 보장 제도의 민영화는 근본적인 한계를 안고 있다. 인간은 누구나 불확실성에 대처할 수 있는 최소한의 안전 장치를 이용할 기본적 권리를 누려야 한다. 그럼에도 경제적 지불 능력이 큰 사람과 그렇지 못한 사람을 차별화함으로써 돈이 없어 상대적으로 보호를 더 받아야 하는 사람들을 오히려 불확실성의 한가운데 노출시켜 버리는 것은 이러한 보편적 권리를 부정하는 강자의 폭력이 될 수 있다. 그리고 사회 보험을 민간 차원으로 넘겨서는 안 되는 이유는 효율적 측면에도 있다. 모집단이 줄어들수록 확률 분포의 안정성은 약화되며 가입자 수가 줄어들수록 보험 기능은 약화될 수밖에 없기 때문이다. 국민 연금이나 건강 보험의 민영화는 국가 차원에서 관리되는 더 큰 규모의 모집단을 개별 회사별로 관리되는 더 작은 규모의 모집단으로 나누는 시도인데, 모집단이 줄어들수록 집적된 정보가 줄어들고 이에 따라 안정적인 확률 분포의 확보 가능성이 적어짐으로써 불확실성은 커지는 반면 리스크 관리의 유효성은 약화된다. 미국의 오바마 대통령이 정권의 사활을 걸고 의료 보험이 전 국민에게 적용될 수 있도록 개혁을 추진했던 것은 이러한 측면에서 정당화 될 수 있는 것이다.

더욱이 안전한 노후를 위해 주식 시장을 적극적으로 활용하자는 제안은, 금융 위기가 빈번하게 발생하고 그 파장 또한 격심해지는 현대 금융 시장의 높은 변동성과 우발성을 충분히 고려하지 않은 단견으로, 시민들의 재산을 오히려 갉아먹을 가능성을 배제할 수 없다. 흔히 금융 시장은 잔물결은 빈번히 일어나지만 1920년대 말의 대공황이나 2008년의 금융 위기와 같이 투자자들의 재산이 한순간에 사라져 버리는 엄청난 사건, 즉 평소라면 상상 불가능한 '검은 백조'가 출현할 확률은 문자 그대로 '제로(0)'에 가까운 낮은 공간으로 여겨진다. 하지만 발생 확률이 상대적으로 낮더라도 그것이 일단 일어나면 전체 시스템의 붕괴 등 치명적인 결과를 초래할 수 있는 사건에 대해서는 아무리 예외적이더라도 그 가능성을 염두에 두고 의사 결정을 하는 것이 리스크 관리의 기본이다. 금융 시장 붕괴의 가능성이 설령 대단히 미미하더라도 금융 시장이 실제로 붕괴할 경우 기금을 크게 훼손한다면, 연기금의 주식 투자는 아주 위험한 선택이 된다.

게다가 금융 시장에서는 대단히 예외적이라고 보았던 사건들이 생각보다 훨씬 자주 일어난다는 점에도 주목을 해야 한다. 다우존스 산업 평균 지수가 정규 분포를 따랐다면 1916년과 2003년 사이에 하루에 3.4퍼센트 이상 주가 지수가 변동한 횟수는 58일이 되어야 하지만 실제로는 1001번이나 발생했다. 7퍼센트 이상 움직인 날은 30만 년에 한 번이어야 하지만 실제로는 48회나 되었다. 이는 금융 시장이 이론상으로는 '약간만 불안정한' 공간으로 간주되지만, 실제로는 '대단히 불안정한' 공간임을 의미한다. 예컨대 금융 시장은 '검은 백조', 곧 상상 불가능한 사건들이 아주 드물게 발생하는 곳이 아니라, '희지만 사악한 백조', 곧 끔찍한 사건들이 예상했던 것보다 훨씬 더 자주 발생함으로써 문제를 일으키는 공간이다.

금융 시장의 진실이 이렇다면, 첨단 금융 공학이라는 말만 믿고 이처럼 불안정한 금융 시장에 시민들의 최후의 보루를 맡기는 것은 아주 무책임한 일임을 확인할 수 있다. 결국 사회 보장 제도를 민영화하려던 부시 행정부의 시도는 실패로 끝났는데, 이는 시장의 힘이 노골적으로 존중되는 미국 사회에서조차 대중들은 삶의 전반적인 불확실성에 대한 유효한 대비는 국가의 힘에 의지해야만 한다는 진실을 본능적으로 알고 있었음을 암시해 준다.

| 불확실성은 역동성의 근원 |

불확실성은 분명히 사람들의 안정적 삶을 어렵게 만드는 위험 요인이다. 하지만 "확실성이란 새로운 대안을 상상할 수 없게 만드는 닫힌 공간"이라는 루트비히 비트겐슈타인의 발언이 암시하듯이, 불확실성은 자신의 능력을 한껏 발휘하고 운을 당당하게 시험할 수 있는 기회의 공간을 열어 보이기도 한다. 불확실성이 갖는 이러한 긍정적 측면은 프리드리히 하이에크나 나이트와 같은 우파 사상가들이 특히 강조했다. 이러한 입장에서 보자면, 불확실성은 변화와 혁신의 열망이 꿈틀거리는 역동적 사회를 가능케 하는 필수불가결한 인간 조건이기도 하다.

그러나 불확실성이 이러한 순기능을 발휘하려면, 또는 그 구성원들이 변화에 능동적으로 대응하고 미래를 적극적으로 개척해 나가는 역동적인 사회가 제대로 작동하려면, 삶의 근본적인 안정성도 함께 마련되어야만 한다. 사람들은 삶의 안정성이 어느 정도 확보되었을 때 비로소 변화와 구조 조정, 나아가 혁신에 기꺼이 동의하고 이 과정에 적극적으로 참여하는 존재이다. 이를 위해서는 공공 제도의 역할이 중요하다. 공공 제도란 시민과 정부의 상호 협력 속에서 진화해 가는 집합적 주체로서, 개인들에 비해 보다 많은 지식에 근거해 인간 사회 속의 복잡성이 낳는 부정적인 사회적 효과를 치유할 수 있을 뿐만 아니라 특수 이익과 일반 이익 사이의 갈등을 뛰어넘어 사회의 공공선을 달성하는 데 기여한다. 특히 잘 발달된 복지 제도는 시장에서 실패하더라도 다시 재기할 수 있는 기회를 제공해 줄 수 있다. 두려움 없이 변화와 혁신을 추구하는 창의적이고도 활력 있는 사람들로 가득 찬 역동적인 사회의 결정적인 전제 조건이 바로 잘 갖추어진 복지 제도인 것이다.

정보화가 가져온
새로운 차원의 불확실성

최정규 | 경북대학교 경제학과 교수

정보 기술 시대로 들어오면서 우리는 의사 결정에 좀 더 많은 정보를 이용할 수 있게 되었고, 거래에 따르는 불확실성의 위험도 그만큼 감소했다. 인터넷을 검색하면 내가 원하는 제품을 가장 낮은 가격에 판매하는 곳을 쉽게 찾을 수 있고, 제품의 품질에 대한 다른 사용자의 평가를 고려해 구매 결정을 내릴 수 있다. 기업 차원에서도 정보를 획득·축적하고 전달하는 기술이 발달하면서 이전보다 생산 관리나 물류에서의 불확실성을 많이 줄일 수 있게 되었다. 정보 기술 시대로 넘어오면서 거래와 결부된 불확실성은 확실히 많이 줄어들었다.

하지만 다른 한편으로 정보 기술 시대로 넘어오면서 우리는 이전과 다른 차원의 불확실성에 직면하고 있다. 역설적이게도 정보 기술 시대에 들어서면서 불확실성은 이전 시대의 불확실성보다 규모나 파장 면에서 비교할 수 없을 만큼 확대되어 있다.

경제학도 정보 기술 시대에 새로이 등장한 불확실성을 전면적으로 다룰 수 있도록 변화할 것을 요구받고 있다. 예전에는 예외적인 현상이라고 여겨졌던 일들이 정보 기술 시대에서는 보편적인 현상으로 나타나고는 하지만, 아직도 새로운 현상을 일반화해 다루기에는 어려운 측면이 많다. 정보 기술 시대에 들어서면서 왜 불확실성이 새롭게 그리고 더 크게 나타나고 있지를 보고자 하는 것이 이 글의 목적이다.

| 그래도 예측 가능했던 전통적인 경제 |

토지에 노동을 결합해 곡물을 생산하는 경제를 생각해 보자. 곡물을 생산할 수 있는 토지는 그 비옥도에 따라 몇 개의 등급으로 나뉘어 있다고 하자. 곡물에 대한 수요가 그리 크지 않다면, 가장 비옥도가 높은 토지만을 경작해도 그 수요를 충분히 충족시킬 수 있을 것이다. 이제 곡물에 대한 수요가 증가해 가장 비옥도가 높은 토지를 경작하는 것만으로는 수요를 충족할 수 없게 되었다고 하자. 그렇다면 그다음으로 비옥도가 높은 토지를 경작함으로써 수요를 충족해야 할 것이다. 이때 추가로 투입되는 토지는 이전 토지만큼 비옥도가 높지 않기 때문에 동일한 시간의 노동을 투입하더라도 곡물 생산량은 이전보다 크지 않을 것이다. 이렇게 비옥도가 높은 토지가 한정되어 있기 때문에, 생산의 규모가 커짐에 따라, 추가로 얻어지는 생산량의 크기가 점점 감소하는 현상을 가리켜 '수확 체감 현상'이라고 부른다.

수확 체감 현상은 토지의 투입뿐만 아니라 보다 광범위하게 혹은 보다 일반적으로 나타나는 현상으로 간주되곤 한다. 이는 생산의 규모가 늘어남에 따라 산출물 한 당위당 평균 비용이 상승하는 현상, 즉 규모의 불경제라고 표현하기도 한다. 생산의 규모가 늘어남에 따라 점점 질이 떨어지는 투입을 사용할 수밖에 없어서일 수도 있고, 혹은 투입 요소의 질이 일정하더라도 생산의 규모가 늘어남에 따라 노동의 조직화나 경영의 효율화 노력이 점점 한계에 봉착하기 때문일 수도 있다.

이유는 여러 가지일 수 있지만, 어떤 이유에서든 경제학에서는 산출의 규모가 늘어나는 정도는 투입의 규모가 늘어나는 정도에 못 미친다고 가정하곤 한다. 이러한 가정은 주요 생산물이 곡물이나 철 등 전통적인 물적 재화인 경제에서는 타당한 가정이기도 하다. 물론 이러한 경제에서도 생산의 초반에는 학습 효과나 시너지 효과 등이 일어나면서 일시적으로 수확 체증(규모의 경제)이 일어날 수도 있다. 그러나 생산 규모가 늘어남에 따라 '언젠가는' 수확 체감의 벽에 부딪히고 말 것이다. 다시 말해 전통적인 경제에서는 규모의 경제 혹은 수익 체증의 현상이 존재하더라도 그것은 일시적이고 예외적인 현상이라고 이해해도 무방할 듯하다.

우리의 논의와 관련지어 중요한 것은 경제에 수확 체감 원리가 작용하고 있다면, 그 경제는 안정적인 모습을 띤다는 것, 그리하여 예측 가능한 모습을 띤다는 것이다. 수확 체감이 보편적인 경우라면, 어떤 기업도 수익성의 측면에서 볼 때 생산을 무한정 늘리는 것이 그리 유리하지 않을 것이다. 따라서 생산 확대에 따른 비용의 증대를 감안해 적절한 선에서 이윤을 극대화해 줄 수 있는 생산 규모를 설정할 것이다.

한 산업에 모든 기업들이 다 수확 체감 기술을 갖고 있다면, 우리는 이 기업들이 경쟁하고 있는 모습을 그려 볼 수 있다. 일단 모든 기업들은 고만고만한 생산 규모를 갖고 생산을 할 것이다. 그러고도 여전히 이 산업에 이윤 기회가 남아 있다면 신규 기업들이 진입하겠지만, 이 기업 역시 생산 규모를 적정한 선에서 유지할 것이다. 너무 많은 기업들이 몰려 수익성이 악화된다면, 수익성이 낮은 기업부터 퇴출이 진행될 것이다. 그리고 수확 체감의 원리가 작용하는 경우 경쟁이 제대로 이루어지면, 기업들이 생산한 재화는 그것을 생산하는 데 들어간 모든 투입이나 노력의 희소성을 반영한 가격으로 판매된다. 그만큼 시장 가격은 자원의 희소성에 대한 정보를 비교적 정확하고 빠르게 전달할 수 있다.

어떤 시점에서, 어떤 기업이 규모의 경제 기술을 갖고 있어서 시장을 장악하고 있다고 하더라도, 전통적인 경제에서는 이 규모의 경제가 무한히 지속될 수 없다. 앞에서도 이야기했듯이 주어진 시장 규모에서는 생산을 늘려 나감에 따라 수익 체증의 이점을 누릴 수 있을지 몰라도, 시장 규모가 점점 확대됨에 따라 계속 생산 규모를 확대해 나가야 한다면 언젠가는 경영 효율성이나 조직 효율성 등의 저하로 인해 수익 체감 국면에 접어들 수밖에 없을 것이기 때문이다.

즉 경제에 수확 체감의 원리가 작용하고 있다면, 그 경제는 안정적인 모습을 띤다. 그리고 그 경제는 어느 정도까지는 예측이 가능하다. 어느 기업이 구체적으로 얼마의 이윤을 얻고, 어떤 기업이 얼마의 생산 규모를 유지할 것인지를 하나하나 예측해 내지는 못하겠지만, 적어도 다수의 기업이 공존하면서 서로 살아남기 위한 경쟁을 벌여 나가고 있는 모습을 상상할 수 있다. 그리고 항상은 아니더라도 효율적으로 운영되는 기업이, 그리하여 같은 제품을 좀 더 싼 비용으로 생산해 낼 수 있는 기업이 살아남는 경향이 있을 것이라고도 예측할 수 있다. 하지만 정보 기술 시대에 들어서면서 경제는 점점 수확 체증(혹은 규모의 경제)의 특징을 지니기 시작한다. 그리고 그렇게 되면서 우리는 새로운 차원의 불확실성에 직면하게 된다.

| 수확 체증이 가져오는 새로운 차원의 불확실성 |

한 학생이 24시간 후에 두 과목 시험을 앞두고 있다고 하자(물론 복습을 전혀 하지 않은 상태다. 즉 제로 베이스에서 시작해야 한다고 하자.). 각 과목에 투자된 시간과 그 성과인 성적 사이에는 수확 체감 법칙이 작용한다고 해 보자. 즉 어떤 과목이든 시간을 많이 투자할수록 성적이 오르기는 하지만, 시간 투자가 늘어남에 따라 그 과목 성적이 오르는 폭은 예전 같지 않다고 하자.

이때 한 과목에만 집중하는 것은 합리적인 결정이 아닐 것이다. 왜냐하면 어떤 한 과목에 이미 많은 시간을 투여했다면 이 상태에서 그 과목에 한 시간을 더 투자함으로써 추가로 얻어지는 성과는 미미하겠지만 아직 손대지 않은 다른 과목에 한 시간을 투자하면 추가로 얻어지는 성과는 클 것이기 때문이다. 다시 말해 수확 체감의 법칙이 작용한다면 (두 과목의 상대적 난이도 등에 따라 최종적으로 투여되는 시간 배분이 결정되겠지만) 어느 한 과목을 완전히 포기하고 다른 과목에 전념하는 일은 없을 것이고, A와 B 과목에 투여하는 시간을 적절히 배분할 것이다.

반대로 다음과 같은 경우를 생각해 보자. 두 과목 모두 학습 효과라는 게 있어서 공부를 하면 할수록 능률이 오른다고 해 보자(즉 수확 체증이 작용한다고 해보자). 처음 한 시간 동안 기본 개념을 익히느라 힘들지만, 일단 기본 개념을 익히면, 응용도 쉬워지고, 또 현실의 예를 찾아내기도 쉬워서 점점 능률이 높아진다고 해 보자. 그래서 처음 한 시간 투자했을 때는 성적의 증가폭은 미미하지만, 다음 한 시간을 또 투자하면 성적의 증가폭이 더 늘어나고, 또 한 시간을 투자하면 성적의 증가폭이 더 늘어 간다고 해 보자.

이런 식으로 수확 체증이 작용한다면 공부 시간 배분이 어떻게 달라질까? 당연히 이런 경우라면 A나 B 한 과목에 집중적으로 시간을 투자하는 편이 훨씬 좋은 결과를 낼 수 있을 것이다. 다시 말해 수확 체증이 작용하면 의사 결정자의 결정은 하나의 대안에 전부를 쏟아 붓는 것으로 귀결된다.

정보 기술 시대의 특징 중 하나는 생산이나 기술의 진보가 생산에 참여하는 사람들의 지식의 축적 및 학습에 크게 의존한다는 것이다. 그만큼 산업 구조는 예전과 달리 점차 수익 체증의 특징을 띠기 시작한다. 정보 기술 시대를 특징짓는 수확 체증 현상은 공급 측면과 수요 측면 모두에게서 존재할 수 있다.

우선 공급 측면에서 존재하는 수확 체증 현상은 규모의 경제라고도 불리는 데, 대개 초기 연구 개발 등에 막대한 투자가 요구되는 경우 발생한다. 규모의 경제란 생산량을 늘리면 늘릴수록 평균 비용(즉 생산되는 상품 한 단위당 평균 얼마의 비용이 들어가는지)이 점점 작아지는 현상을 말하는데, 이러한 현상이 일어나는 이유에는 여러 가지가 있다.

첫째, 생산 과정에 학습 효과가 크게 작용함으로써 생산 규모를 늘림에 따라 좀 더 효율적인 운영이 가능하게 되어, 평균 생산비를 떨어뜨릴 수 있다. 생산이 노동자들의 지식에 그리고 학습 능력에 의존하는 정보 기술 분야에서는 이러한 이유에서 수확 체증이 나타날 소지가 크다.

둘째 대개의 경우 규모의 경제는 초기 투자 자본의 규모의 관련이 있는 경우가 많다. 수천만 달러의 연구 개발비가 들어간 소프트웨어를 생각해 보자. 이 경우 정작 제품 하나를 추가로 만들어 판매하는 데 드는 비용은 시디(CD) 값 정도일 것이다. 예를 들어 마이크로소프트는 윈도 비스타의 개발 비용에 60억 달러를 지출했다고 한다. 하지만 비스타 제품을 하나 출시하는 데 추가로 들어가는 돈은 약 3달러 정도에 불과하다(시디 한 장 가격+포장비). 이런 경우 제품을 단 한 개만 생산해서 판매하는 데 그친다면, 그 제품 하나 만드는 데 드는 평균 비용은 수천만 달러이겠지만, 제품을 2개 만들어 팔면 평균 비용은 그 반으로, 그리고 3개를 만들어 팔면 그 비용은 3분의 1로 줄어들 것임을 쉽게 계산해 낼 수 있다. 다시 말해 평균 비용은 생산량이 늘면서 반비례로 줄어든다. 제품 한 단위 생산에 들어가는 평균 비용이 줄어들기 때문에 팔리기만 한다면 생산을 늘릴수록 이윤이 느는 것은 당연하다. 곡물과 철강으로 상징되는 전통 산업과 달리 정보와 기술이 주생산물인 산업 부문에서는 흔히 일어나는 현상이다.

그리고 이렇게 규모의 경제가 일어난다면, '어느 정도 적정한 선에서' 생산 규모의 확대를 멈추는 것이 유리하다거나 하는 일은 일어나지 않는다. 막대한 연구 개발 비용을 뽑아내고 수익성을 내기 위해서는 엄청나게 팔아야 하고(즉 평균 비용이 충분히 떨어져야 하고), 또 한 장을 새롭게 추가 생산하는 데 드는 비용은 거의 0에 가깝기 때문에 일단 수익성을 내기 시작하면 팔면 팔수록 이윤이 계속 늘어난다. 즉 시장의 규모가 받쳐 주는 한 규모의 확대는 멈춰질 수 없다.

다른 한편 수요 측면에서 존재하는 수확 체증 현상은 흔히 '네트워크 외부성'이라고 불리기도 한다. A라는 제품의 가치가 소비자가 그 제품으로부터 얻는 만족도뿐만 아니라 다른 소비자들이 얼마나 그 제품을 사용하고 있는가에 의해서도 결정될 때 그 재화는 네트워크 외부성을 갖는다고 말한다. 예를 들어 팩스 기술은 처음 발명되고 나서도 수십 년이 지나서야 시장에서 널리 보급되었다. 아무리 뛰어난 기술이라도 나 혼자 팩스를 갖고 있는 것은 아무 의미가 없기 때문이다. 즉 팩스가 얼마나 뛰어난 기능을 발휘하고, 생활에 편의를 제공할 것인가의 여부는 내 주위에서 얼마나 많은 사람들이 팩스를 이용하고 있는가에 결정적으로 의존한다. 친구들과 온라인상에서 간단히 안부도 주고받고, 정보도 공유할 수 있는 온라인 커뮤니티는 그것이 얼마나 사용하기 편리한가의 여부뿐만 아니라 내 주변 친구들이 어떤 온라인 커뮤니티를 사용하고 있는가에 따라서 그 이용 가치가 결정된다.

　이러한 수익 체증이 불확실성을 낳는 이유는 무엇인가? 첫째, 공급 측면에서의 규모의 경제는 시장에서의 경쟁을 'all or nothing'으로 몰고 가는 경향이 있다. 수확 체증이 작용해 규모의 확대에 제동이 걸리는 경우와 달리 수확 체증이 작용하는 경우에는 생산 규모를 시장 규모가 허락하는 선까지 확대하려고 할 것이고 상대방 기업을 시장에서 완전히 몰아낼 때까지 그 규모를 확대하려고 할 것이기 때문이다.

　둘째, 수요 측면에서의 네트워크 외부성은 일단 시장을 선점한 기업이 상당히 유리한 지위에 있게 만든다. 즉 '가질수록 더 많이 갖게 되는 구조'가 만들어진다. 네트워크 외부성이 전혀 없는 재화의 경우에는, 현재 그 재화를 생산하는 기업이 독점적인 지위를 누리고 있더라도 경쟁 상품이 침투해 들어갈 여지가 아주 없는 것은 아니다. 좀 더 성능이 뛰어난 제품으로 승부한다면, 초반에는 아주 작은 시장 점유율에만 머물지 몰라도 시간이 지남에 따라 인지도도 높아지고, 좀 더 많은 사람들 끌어 모을 수 있을 것이기 때문이다. 하지만 재화에 네트워크 외부성이 강하게 작동한다면, 그래서 그 재화에 대해 소비자들이 부여하는 가치가 그 재화를 얼마나 많은 사람들이 사용하고 있는가에 크게 영향을 받는다면 이야기는 다르다. 새롭게 시장에 진입하고자 한다면, 진입하는 순간 어느 정도의 소비자를 확보해야만 한다. 그 재화를 사용하는 소비자의 수가 그 재화를 선택했을 때 이로부터 네트워크 외부성을 누릴 수 있을 정도가 되어야 소비자들은 이 재화를 선택할 것이기 때문이다. 그만큼 신규 기업이 살아남기 힘든 상황이라는 말이다.

주변의 지인들이 모두 A사의 온라인 커뮤니티를 이용해 안부를 주고받고 있는데, 인터페이스가 조금 뛰어나다고 해서 혹은 사용자에게 조금 더 편리하다고 해서 자기 혼자 B사의 커뮤니티를 이용하지는 않을 것이다. 따라서 신규 진입자가 살아남기 위해서는 효율성과 성능, 품질뿐만 아니라 충분한 크기의 최초 사용자의 수를 확보해야만 한다. 그만큼 진입 초기에 불확실성이 크다.

더 나아가 네트워크 외부성은 수요 측면에만 국한되지 않는다. 경합하는 두 기술 사이에서 어떤 기술이 최종적으로 표준으로 자리 잡게 되었다고 해 보자. 어떤 기술이 최종적으로 승자가 될 것인지는 이 두 기술뿐만 아니라 이 기술들을 이용하는 다른 보완적인 제품들에게도 영향을 미친다. 하나의 기술의 성패는 그 기술을 사용하고 있는 다른 기술 및 재화의 성패로까지 이어진다.

| 승자 독식: 효율성인가 우연인가? |

이러한 시장에서 승자는 전부를 독식하는 경향이 있다. 그리고 이때 누가 승자가 될 것인가를 결정하는 것은 기술 혹은 제품의 효율성이나 품질이 아니다. 최초에 아주 작은 우연이 승자를 결정할 수도 있고, 그렇게 결정된 승자는 전체 시장을 독식한다. 더 나아가 한 번의 작은 우연이 그 자체로 그치거나 혹은 이후 진행 과정에서 효과가 사라지는 게 아니라, 오히려 증폭되면서 이후 큰 파장을 낳는 경우가 허다하다.

그리고 작은 우연으로 인해 승자가 되지 않은 기업은 그동안 연구 개발비나 네트워크 외부성을 향유할 수 있을 정도의 사용자를 확보하고자 쏟아 부은 막대한 광고비의 부담을 고스란히 안아야 할 것이다. 또 그 부담은 그 기술을 기반으로 다른 기술 혹은 제품을 만드는 기업에게도 파급되어 나간다.

정보 기술의 발달이 미래에 대한 우리의 예측력을 한층 높여 주고, 거래 및 의사 결정에 따른 많은 불확실성을 해소시켜 주는 것은 부정할 수 없는 사실이다. 하지만 정보 기술의 발달 과정에서 지식 및 학습의 중요성이 부각되고, 또 그 과정에서 네트워크 외부성이 발생하면서 경제는 점점 '양의 되먹임' 혹은 수확 체증의 특성을 띤다.

그러면서 우리는 이전과는 다른 차원의 불확실성에 직면하게 된다. 독점화가 진행되면서 경쟁은 많이 제한되지만 다른 한편으로 경쟁에 의한 결과는 훨씬 예측하기 힘들어졌다. 우연이 우연에 그치지 않고, 행위자 간에 벌어지는 사소한 사건 하나하나가 증폭되어 파장을 가지고 올 여지가 더 많아졌다. 효율적이라고 살아남으리란 보장은 없어진지 오래고, 살아남은 것이 모두 효율적인 것들이라는 근거도 없어졌다. 아무리 비효율적이라도 어떤 이유에서건 일단 시장을 선점하면 그만큼 살아남는 데 유리하다. 보이지 않는 손은 더 이상 어떠한 효율성도 약속하지 못하게 되었으며, 우리 사회는 점점 효율적이지 않아도 일단 승자가 되면 모든 것을 독식하는 사회가 되고 있다.

이러한 종류의 불확실성은 행위자 간의 사전 조정이나 정부의 조정에 의해서만 해결될 수 있을지도 모른다. 수확 체감이 지배하는 경제에서 분권화된 의사 결정은 시장 경쟁에 의해 사후적으로 조정된다. 그리고 분권화된 의사 결정이 효율적인 자원 배분으로 귀결될 여지도 있다. 하지만 수익 체증의 시대에는 사후적인 조정은 예측 불가능할 뿐만 아니라 이전에 비해 훨씬 파괴적이다. 정부가 소유권을 규정하고 지켜내는 데에만 역할을 국한해도 경제는 스스로 조정될 수 있다는 믿음이 이 시대에도 여전히 적용될 수 있는지

되짚어야 할 때가 되었다. 이전 시대에는 금기시되었을지도 모르지만. 어느 때보다도 정부의 조정자적 역할이 강조되는 시대에 접어들었을지도 모른다.

3

불확실한 문화

노명우

이창익

확실성이란 새로운 대안을 상상할 수 없게

만드는 닫힌 공간

―루트비히 비트겐슈타인

불확실성의 시대와 자기의 테크놀로지

노명우 | 아주대학교 사회학과 교수

| 1 |

애초부터 유리한 단어가 있다. 상반되는 단어를 동시에 제공하고, 하나만 선택해야 하는 경우 사람들은 대부분 긍정적인 뉘앙스가 연상되는 단어를 선택한다. '안정'과 '혼란'이 제시되었을 때, 사람들이 어떤 단어를 선택할지는 분명하다. 안정 대신 혼란을 선택할 사람은 없다. 확실성과 짝을 이루는 불확실성은 혼란처럼 부정적인 뉘앙스가 너무나 강해 출발부터 불리한 위치에 놓인 대표적인 단어에 속한다. 시험을 앞두고 있는 수험생에게, 거대한 돈을 주식에 쏟아 부은 투자가에게, 결혼을 고민하고 있는 청춘남녀에게, 일생 동안 모은 재산으로 부동산 계약을 앞둔 사람에게 불확실성이라는 단어가 발휘하는 효과는 무시무시하다. 불확실성은 공포의 감정을 유발한다.

인류가 선택한 불확실성을 통제하기 위한 첫 번째 방법은 종교이다. 불확실성을 통제하려는 종교적 해결책은 간단하다. 인간이 불확실성의 세계 속에 놓여 있기에 불안을 느낀다면, 확실성을 보장하는 절대적인 존재를 만들어 내고 확실성 그 자체인 대상에 의지하면 된다. 그래서 모든 종교에는 불확실한 인간을 확실성의 길로 인도하는 절대적 존재인 신이 등장하기 마련이다. 삶을 예측할 수 없고 통제할 수 없어 불안을 느끼는 개인은 절대적 존재인 신이 지시하는 대로 자신의 삶을 구성하면 불확실성으로 인한 불안을 해소할 수 있었다. 화산이 언제 폭발해 마을을 덮칠지 몰랐고, 가뭄이 언제 올지 예측할 수 없었으며, 인간은 병은 왜 걸리는지 짐작조차 할 수 없었던 시절 인간은 완벽하게 불확실성의 수렁에 내던져진 존재였다. 종교는 불확실성의 수렁에 빠진 인간에게 불확실성을 감당하면서 살아갈 수 있는 힘을 제공했다. 종교는 교리에 따라 불확실한 세상을 해석해 주었다. 해석이 힘들다면 최소한 공포에 대한 위안을 제공하거나, 불확실성으로 인한 위험이 할퀸 상흔을 달래 주기도 했다. 과학이라는 지식 체계가 등장하기 전에, 혹은 과학이 불확실성을 제압할 정도로 정교하지 않았던 상황에서 종교는 공포 그 자체, 불확실성과 동의어였던 자연과 인간의 교류를 담당했다.

불확실성이란 지식의 대상을 제어하고 통제할 수 없는 주체의 무능력한 상태를 의미한다. 인간 주체가 무능력할수록, 신은 전지전능해진다. 무능력한 인간은 전지전능한 신에 기대는 것 이외에는 불확실성으로 인한 공포에서 벗어날 방법을 찾을 수 없다. 우리가 살고 있는 세계에 대한 해석은 전적으로 신의 해석에 달려 있다. 신의 해석은 전적으로 타당하며 신의 해석 이외의 다른 해석은 잘못된 것이다. 신이 아닌 인간이 우리가 살고 있는 세계를 해석하려 시도한다면 그는 불경한 죄를 짓는다고 취급받았다. 그랬기에 갈릴레이는 종교 재판에 회부된 것이다.

| 2 |

불확실성이 지배하는 상황에서 인간은 나약하다. 불확실성 속에서 인간은 발생하고 있는 일을 통제할 수도 없고, 어떤 일이 발생할지 예견할 수도 없기에 다가올 불행에 대비할 수도 없다. 만약 인간이 종교에 의존해 불확실성을 견디려 하지 않는다면, 종교를 대체하는 강력한 무기가 필요하다. 종교 다음으로 인간이 불확실성을 극복하기 위해 개발한 수단은 세속적 지식이었다. 종교가 절대자에 의지해 불확실성에서 벗어나려는 간절한 시도라면, 과학은 절대자의 도움 없이 인간 스스로 불확실성을 통제하려는 합리적인 노력이다.

지식은 불확실성에 의해 지배되는 대상을 과학적으로 설명함으로써 불확실한 대상이 가지고 있는 원시적 힘을 해체하려는 전략이다. 예측할 수 없고 통제할 수 없는 대상은 공포를 유발하지만, 설명을 통해 예측/통제 가능한 대상은 더 이상 공포의 감정을 불러

일으키지 않는다. 인간의 지식은 불확실성에 들러붙어 있는 공포를 안전한 확실성으로 바꾸어 놓으려는 끊임없는 노력을 되풀이하는 과정에서 발전했다. 예측할 수도 없고 통제할 수도 없는 자연 앞에서 초라했던 인간은 이제 과학의 도움으로 신의 은총 없이 스스로를 위대한 존재로 만들어 가기 시작했다.

인간이 신을 대신하는 확실성의 담지자가 되고자 하는 과감한 기획은 '계몽'에서 절정에 달한다. 1620년 프랜시스 베이컨이『신기관』에서 밝힌 대담한 선언은 계몽의 과감한 기획의 대표적 사례이다. 베이컨은 이렇게 야심을 밝혔다. "인간은 자연의 사용자이자 자연의 해석자로서 자연의 질서에 대해 실제로 관찰하고, 고찰한 것만큼 무엇인가를 할 수 있으며 이해할 수 있다." 베이컨의 이러한 주장은 종교가 아니라 과학으로 불확실성을 통제하겠다는 발상의 도래를 알린다. 베이컨 이후 근대적 인간은 정복하지 못한 자연에서 유래하는 공포를 종교에 의지해 달래는 종교적 인간과는 전적으로 달라졌다. 근대적 인간은 더 이상 무능력한 존재가 아니다. 자연에서 공포를 느끼지 않는 근대적 인간은 이마누엘 칸트의 주장처럼 어린아이의 상태에서 벗어난 성숙한 성인이다.

인간이 계몽의 힘으로 불확실성을 통제하기 시작하면서 인식론은 존재의 불안을 잠재우는 가장 효과적인 수단으로 자리 잡기 시작했다. 계몽 이전의 인간이 존재론적 불안에 휩싸여 종교에서 위안을 얻으려는 어린아이였다면, 계몽 이후의 인간은 인식론을 무기 삼아 존재론적 불안을 잠재우는 성숙한 주체이다. 인식이 대상에 대한 확실성을 담보해 줄 수 있다면, 그 크기만큼 존재의 불안감은 축소되기 마련이다. 계몽과 더불어 인간은 인식의 확실성을 통해 존재의 불확실성을 극복하는 시스템을 구축하기 시작했다.

계몽 이후 인간은 르네 데카르트가 확신했던 "투명하고 절대적인 지식"을 신봉한다. 어린아이는 예측하고 통제할 수 있는 능력을 지니지 못했기에 자연에서 겁을 먹지만, 성숙한 개인은 자연을 두려워하지 않는다. 인식론을 통해 자연의 원리를 파악했기 때문이다. 자연이 인식의 대상으로 변하는 순간, 마법처럼 자연은 공포를 유발하는 원시적 힘에서 인간에게 쓰이기 위해 존재하는 얌전한 물질로 변화한다. 지식의 대상으로 변조된 자연은 인간의 목적에 봉사하는 말 없는 원재료에 불과하다.

그러나 인식론으로 존재론을 완전하게 압도할 수는 없다. 인간이 대상에 대한 투명하고 절대적인 지식을 획득할 수 있다면, 존재론적 불안에서 벗어날 수 있지만 과학만으로는 투명하고 절대적인 지식에 도달하기는 불가능하기 때문이다. 따라서 인간은 여전히 종교를 필요로 한다.

인식론으로 존재론의 불안을 잠재우는 전략이 채택되자, 인식론이 존재론을 얼마만큼 빠른 속도로, 그리고 얼마나 멀리 달아나느냐가 중요해졌다. '진보'는 인식론이 존재론을 압도하는 속도를 의미하는 동시에 인간이 존재론적 불안에서 얼마나 상당히 먼 곳에 있는지를 나타내는 기준이 되었다. 진보는 절대선이 되었다. 절대선인 진보는 불확실성을 통제하고 확실성을 확보할 때 실현될 수 있다.

우리가 살고 있는 세계는 이렇게 태어났다. 우리는 모두 계몽의 야심 찬 기획을 물려받은 계몽의 후예들이다.

***

대상에 대한 법칙 파악을 통해 확실성의 세계에 진입할 수 있다는 근대적 기획은 비단 자연에만 적용되지 않았다. 이 믿음은 자연 과학자의 실험실을 벗어나 사람들 사이로 저벅저벅 걸어 나왔고 문화적 시민권을 획득했다. 지식을 통해 자연을 지배하는 자연 과학처럼, 인간 사회를 움직이는 법칙을 파악한다면 사회 또한 불확실성의 세계에서 확실성의 세계로 옮겨놓을 수 있을 것이라는 생각은 급격히 설득력을 얻기 시작했다. 사회 과학의 탄생은 이러한 분위기를 반영한다.

자연 과학과 사회 과학은 법칙이 적용되는 대상이 자연이냐, 사회냐의 차이만 있을 뿐, 과학적 확실성에 대한 신념을 공유한다는 점에서는 동일하다. 인문학은 확실한 대답보다는 깊이 있는 대답을, 확실성보다는 확실성에 대한 회의와 연관되어 있다. 반면 대표적인 사회 과학인 경제학은 지식을 통한 확실성 획득이라는 근대적 믿음을 배반하지 않는다. 경제학이 대표적인 사회 과학이 될 수 있었던 이유는, 경제학은 인문학이 근거하고 있는 호모 사피엔스(Homo sapiens)와는 전적으로 다른 새로운 인간형인 경제인(Homo economicus)이라는 새로운 모델 개발에 성공했기 때문이다.

인문학적 전통에서 인간은 사유하는 존재, 즉 호모 사피엔스이다. 인간은 '사유'라는 행위를 통해 다른 생물과 구별된다. 인간에게 고유한 질적 특성을 부여하는 '사유'에 대한 탐색은 인문학의 전통적인 주제였다. '사유하는 존재'로서의 인간은 확실성조차도 사유의 대상으로 삼는다. 사유하는 존재인 인간은 사유하기 위해 분명하고 명증한 지식 체계조차도 의심한다. 명증함에 대한 의심은 사유하는 존재의 특권이며, 의심의 능력은 비판의 능력과 동일어이기도 하다. 호모 사피엔스가 의심하고 회의하는 인간이라면, 경제인은 의심하고 회의하는 인간이 아니라 자본주의 시장에서 통용되는 법칙을 추구하고 그 법칙을 이용해 불확실성을 제거해 나가는 전혀 다른 인간형이다. 경제인은 도덕적 판단을 하지 않으며, 최대한의 경제적 이익을 안겨 주는 행동만을 지향한다.

경제인은 자본주의를 움직이는 시장 법칙 발견을 꿈꾼다. 만약 경제인이 시장의 법칙을 파악할 수 있다면, 그는 인류를 미성숙에서 성숙으로 야만에서 문명으로의 이끌 수 있는 진보의 비밀을 제공하는 황금열쇠를 손에 쥐게 되는 셈이다. 아이작 뉴턴이 만유인력의 법칙을 발견함으로써 불확실성에 의해 지배되었던 자연을 확실성의 세계로 이전시켜 놓았 듯이, 경제인이 '보이지 않는 손'을 지배하고 있는 법칙을 포착한다면 불확실한 것처럼 보이는 시장에서 확실성을 확보할 수 있는 길을 획득하게 되는 것이다.

| 3 |

호모 사피엔스는 자신과, 타인과의 관계를 '윤리'라는 문제틀을
통해 성찰한다. 호모 사피엔스의 성찰에는 언제나 관계를 관통하
는 가치 문제가 스며들어 있다. 책임과 의무, 배려 및 연대는 호모
사피엔스가 윤리학의 틀로 자신과 타인을 고찰할 때 개입하는 가
치들이다. 가치의 세계에 거주하는 호모 사피엔스와 달리, 경제인
은 가치를 법칙으로 설명되지 않는 모호하고 추상적이기에 불확실
한 세계로 취급한다. 경제인은 가치의 세계에 머무를 여유가 없다.
경제인이 된다는 것은 호모 사피엔스가 거주하는 세계에서 벗어
나 새로운 거주지로 이동함을 의미한다.

확실성이 추구해야 하는 최고의 가치라고 사회적 비준을 받고
난 이후, 호모 사피엔스가 거주하는 터전에 남아 있을 수 있는 사
람은 오히려 예외적인 경우에 속하게 되었다. 호모 사피엔스를 용
납하지 않는 분위기로 가득 채워진 거주지에서 경제인으로 스스
로를 재구성하라는 사회적 명령으로부터 자유로운 사람은 없다.
단지 적극적으로 자신을 경제인으로 재구성하느냐의 여부의 차이
만 있을 뿐, 우리 모두가 경제인 모델이 뿜어내는 영향력의 자장 안
에 거주한다. 거주하는 터전이 바뀌면 사유의 대상 또한 바뀐다. 호
모 사피엔스는 '가치'에 대해 사유하지만, 경제인의 사유 대상은
'욕망'이다. 경제인을 지배하는 욕망의 실체는 자기를 유지하고 보
호하려는 욕구이며, 자기 유지의 궁극적 목표는 불확실성을 포함

한 요소들을 통제하고 제거해 성공에 이르는 것이다. 경제인은 자신에 대한 관심을 윤리학이 아니라 경영학적으로 재구성한다. 경영학적 자기 관심은 위험 요소들을 제거하고 미래를 예측하고 예견할 수 있도록 불확실한 요소들의 통제를 지향한다. 불확실성의 통제는 경영학적 자기 관심의 핵심 요소이다.

경영학적 관심에 따라 자신을 재구성하면, 개인은 더 이상 사유의 주체도 윤리의 담보자도 아니게 된다. 개인은 이제 작은 기업이다. 경영학적 자기 재구성은 시장에서 '보이지 않는 손'의 법칙을 발견해, 불확실성을 통제했기에 '성공'했던 기업을 모델로 삼는다. 불확실성에 대한 통제가 사회적 비준을 얻으면서 성장 신화 또는 성공 신화가, 암세포가 퍼져 나가는 것처럼, 사회와 문화 그리고 개인을 지배하기 시작한다. 기업이 시장에서 성공하기 위해 불확실성을 통제할 때 동원했던 모든 요소들이 기업의 축소판인 개인에게도 그대로 적용된다. 기업이 불확실성을 통제하기 위해 개발한 모든 기법들은, 작업장과 시장에서 개인을 구속하고 억압하는 환경이 아니라 모든 개인들이 자신의 삶을 유지·관리하기 위해 따르고 익혀야 할 테크놀로지로 격상된다.

'보이지 않는 손'의 위험을 피하려면 이른바 리스크 관리가 절대적으로 필요하다. 개인의 내면 생활은 모두 자신을 '성공'에 적합한 장치로 전환시키는 데 초점이 맞춰진다. 내면의 깊숙한 충동으로부터 외부로 드러나는 삶의 목표에 이르기까지 불확실성의 위험을 통제해 확실성을 확보하라는 절대명령에 따라 개조하면 더 이상 인간은 무엇인가를 만드는 존재(*Homo faber*)이자 사유도 하며(*Homo sapiens*) 때로 놀이도 하는 생명체(*Homo ludens*)가 아니라 '성공'이라는 명령어를 위해 기능하는 프로그래밍된 장치로 전환된다.

***

자본주의는 끊임없이 팽창해야만 유지될 수 있는 시스템이다. 영토 확장은 제국주의의 시대에 자본주의가 선택한 팽창 방식이다. 영토 확장을 통한 팽창이 한계에 도달한 포스트 제국주의의 시대에 자본주의는 새로운 팽창 방식을 발견한다. 자본주의가 새로 발견한 팽창의 공간은 인간의 내면이다. 제국주의 시대에 자본주의는 상품을 판매할 수 있는 새로운 시장을 영토 확장을 통해 얻었다면, 현대 자본주의는 과거 상품화의 대상이 아니었던 인간의 정서마저도 상품화하는 방식을 통해 내적으로 팽창한다.

자신에 대한 관심을 경영학적으로 재구성하는 사람은 역설적으로 경영학적 재구성 때문에 불안에 시달린다. 경영학적 인생 플랜에서 '성공'에의 도달 여부는 전적으로 불확실성의 통제에 달려 있다. 미래를 투명하게 조망하지 못하는 개인은 새로운 불안에 휩싸인다. 미래를 확실성을 통해 내다보는 사람만이 성공할 수 있으며, 여전히 불확실성에 갇혀 있는 사람은 미래의 성공을 기대할 수 없다. 불확실성을 통제할 수 있는 예측 능력은 신의 독점물인 예언의 자리를 넘본다. 예측은 구원을 약속하는 신의 지위를 획득한다. 자신의 미래를 예측할 수 있는 사람만이 미래의 성공을 기대할 수 있다. 미래를 예측할 수 없는 사람은 불안이라는 정서적 공황에 빠지게 된다.

인간은 종교나 과학에 기대어 예측 불가능에서 발생하는 불안을 잠재우려 했었다. 자기 경영에 대한 관심이 증가한 사회에서 개인들이 불안을 잠재울 수 있는 또 다른 방법이 등장한다. 그것은 상품의 형태로 제공되는 '예측'의 구매이다. 예측은 자기 경영을 수행하는 모든 사람들이 원하는 희소재이기에, 예측은 상품으로서의 가치를 충분히 지니고 있다. 우리가 구매하는 예측을 통해 미래를 통제할 수 있다면, 그리하여 남들이 도달하지 못하는 삶의 확실성에 한 걸음 다가갈 수만 있다면 예측이라는 사용 가치를 지닌 상품의 교환 가치는 충분히 매혹적이다.

팽창의 위기에 도달한 자본주의는 경영학적으로 자기를 재구성한 사람에게 미래를 예측할 수 있는 다양한 상품을 개발하고 제공하고 거래하는 새로운 시장을 개척한다. 건강에 대한 불확실성을 통제하는 보험이 등장하고, 기후 예측 정보는 공공재에서 신상품으로 변화한다. 다양한 예측 산업이 등장할 수 있는 이유는, 예측을 통한 '성공'이 실제로 가능하다는 것을 자본주의가 보여 주기 때문이다. 환율과 주가의 동향을 미리 예측할 수 있는 사람은 성공을 기대할 수 있다. 입시 제도의 변화를 예측할 수 있는 '매니저 맘(manager mom)'만이 자식을 좋은 대학에 보낼 것을 기대할 수 있다. 예측 상품을 쇼핑 카트 속에 많이 담으면 담을수록 개인은 불확실성에서 유래한 불안을 잠재울 수 있다. 불안을 잠재울 수 있는가의 여부는 호모 사피엔스의 반성적 능력이 아니라 호모 쇼퍼홀릭

(*Homo shopabolic*)의 구매 능력에 달려 있다.

***

현대 사회에서 예측 상품 수집은 종교의 기능을 수행한다. 불확실성 제거를 약속하는 종교적 감정은 예배당에서 걸어 나와 컨설턴트의 고객 상담실로 파고든다. 새로운 예측 상품은 과거에 종교가 그랬던 것처럼 걱정, 고통, 불안을 잠재우는 사용 가치를 지닌다. 예측 산업의 컨설턴트는 확실성이라는 신을 믿는 경제인을 구원으로 인도하는 사제이다. 예측 상품은 종교의 전유물이었던 '예언'이 세속화된 물질이다.

9시 뉴스의 서사는 신을 경배하는 제사를 주재하는 성직자가 설파하는 설교의 서사를 그대로 닮았다. 다만 그 신이 확실성이요, 그 신도들이 경제인이라는 것만 다를 뿐이다. 9시 뉴스는 예측 불능 사건들의 경이로움과 끔찍함을 신자들이 느끼도록 온갖 종류의 사고를 보여 준다. 정치적 위험, 배신과 자연 재해, 자잘한 사건과 사고에 대한 상세한 리포트가 발휘하는 효과는 분명하다. 예측하지 못했던 사고는 위험하며 혼란이다. 지상의 혼동을 상세하게 알려 주는 리포트가 끝날 무렵 성직자는 예측의 세계를 슬며시 제시한다. 주가 지수로 표현된 오늘의 시장 상황, 표와 그림으로 펼쳐지는 일기 예보가 보여 주는 예측 가능한 세계는 온갖 사건 사고로 뒤범벅이 된 불확실한 세계와는 확실히 대조된다. 신자들은 9시 뉴스의 마지막 자락에서 '예측'은 나를 성공이라는 구원으로 인도할 것이며, 불확실성은 사건사고라는 지옥으로 이끌리라 확신하게 된다. 그리고 보다 투명한 내일을 기대하며 잠자리에 든다.

예측을 통한 구원을 설파하는, 사회 곳곳에 널려 있는 예언자들 덕택에 예측에 대한 신자들의 광적인 믿음이 자란다. 팽창하는 금융 자본은 신자들에게 예측의 영광을 알리는 선지자들이다. 프로테스탄트 노동 윤리가 지배하는 시대가 이미 지나갔듯이, 생산 자본이 더 이상 자본주의적 번영을 좌지우지하지 않는다. 자본주의의 번영은 금융 자본에 달려 있다. 팽창하는 금융 자본의 영광을 증거하는 월가는 현대의 예루살렘이다.

금융은 물질을 만들어 내지 않는다. 금융은 통제 불가능한, 혹은 예측 불가능한 금융 시장이 흐름을 통제하고 예측하는 서비스를 통해 팽창한다. 금융 자본은 금융 자본이 시장의 흐름을 예측할 수 있고 불확실성을 통제할 수 있다는 패러다임을 수용하는 사람들이 늘어나면 늘어날수록 급격히 팽창한다. 금융 자본이 보장하는 미래는 현실화되지 않는 장밋빛 예견이다. 프로테스탄트 노동 윤리에 따른 부의 획득은 과거에 흘린 땀에 대한 현재의 보상이지만, 금융 자본은 현실화되지 않는 미래의 약속에 근거해 이윤을 획득한다. 증권 시장에서는 미래의 성장, 기업의 미래 이윤이 거래된다. 부동산 시장에서는 향후 상승이라는 미래 가치가 이윤의 근거이다. 이 믿음에 기인한 팽창에 참여하는 사람이 많으면 많을수록 이 시장은 커진다. 중산층이 주식과 증권 시장에 뛰어들면 뛰어들수록 미래 가치에 근거한 이 시장은 확장된다. 미래 가치가 실현될 것이라는 믿음이 확실한 이상, 이 팽창은 멈추지 않는다. 복잡한 신학의 원리를 평범한 신자들이 알 필요는 없다. 신학의 체계를 알지 못하지만 누구보다 더 신앙심이 두터운 기성 종교의 평범한 신자들처럼, 사람들은 전문가들이 통제 가능하다고 주장하는 금융 시장을 구성하는 법칙을 모르지만 예측과 통제 가능함이라는 신을 경배한다.

| 4 |

미래의 확실성은 상품 구매에 달려 있다. 확실성을 보장하는 상품을 구매할 수 있는 사람은 불안 해소를 기대할 수 있지만, 경제적 자본을 소유하지 못한 사람들에게 미래의 확실성은 언감생심이다. 개인이 미래의 확실성을 상품을 통해 해결하는 순간 확실성은 사회적 양극화의 메커니즘을 반복한다. 불확실성을 신자유주의적 삶의 양식으로 통제하면 할수록, 불확실성을 제어할 수 있는 공동의 사회적 가능성은 점점 줄어든다. 미래의 경제적 불확실성을 주식 투자 대박으로 해결하겠다고 모든 이들이 주식 투자에 나서면, 공적 사회 보장을 통한 불확실성 견제의 가능성은 희박해지기 마련이다. 사회적 연대를 통한 불확실성 통제에 대한 믿음이 사라진 사회에서는, 개인은 확실성 보장 상품 구매에 매달릴 수밖에 없다. 가장 끔직한 악순환은 이렇게 등장한다.

확실성의 신자들은 불확실성 통제를 약속하는 사제의 말을 전적으로 신봉하지만, 정작 불확실성을 통제한다는 사제가 거주하고 있는 공간은 가장 알 수 없는 곳이다. 평범한 개인은 삶의 확실성 보장 여부를 한손에 쥐고 있는 전문가 세계의 메커니즘을 알지 못한다. 삶에서 발생할 수 있는 돌발적인 불확실성을 제거해 준다는 보험 상품이 어떻게 설계되었는지 계약자는 알 수 없다. 펀드 매니저의 예측을 믿고 전 재산을 주식 시장에 투자한 사람 역시 주식 시장의 메커니즘을 알지 못한다. 개인은 스스로 판단할 수 없다. 모든 일은 확실성 상품 판매상의 전문성에 대한 전적인 신뢰를 기반으로 움직인다.

하지만 확실한 미래를 보장해 준다는 펀드 매니저의 꼬드김에 빠져 주식에 투자했던 개인은 확실성을 판매하던 자본이 초래한 경제 위기가 발생할 때마다 희생자가 된다. 경제 위기를 맞이해 파산당한 개인은 자신의 파산 원인이 확실성 상품 판매자에 대한 과도한 믿음에서 유래했다고 해석하지 못한다. 오히려 개인은 그 반대의 결론을 이끌어 낸다. IMF 경제 위기 이후 한국 사회에서 파산한 개인들은 자본과 거리를 두는 전략이 아니라 가장 자본주의적 방식으로 불확실성에 대비하는 방법을 선택했다. 개인은 자신이 처한 삶의 위기와 확실성 상품에 대한 맹신과는 아무런 관련이 없다고 판단한다. 그는 오히려 확실성 상품을 너무나 적게 구매했기에 삶이 위기에 처했다고 판단한다. 삶의 위기 상황에서도 개인은 아무런 학습 효과를 얻지 못한다. 이렇게 개인은 전혀 예측하고 통제할 수 없고 알 수도 없는 가장 불확실한 자본에 자신의 불확실한 미래의 통제를 맡기는 악순환에서 빠져나오지 못한다.

***

확실성 상품을 통해 위험을 통제하려는 개인의 전략은 근원적으로 한계에 부딪힐 수밖에 없다. 확실성 상품은 삶을 조각내서 조각난 삶에 대한 확실성만을 보장할 수 있을 뿐이다. 암보험은 암이라는 위험만, 화재 보험은 화재라는 위험만을 회피할 수 있도록 해 주는 안전 장치일 뿐이다. 하지만 인간의 삶은 어떤 순간에도 어떠한 경우에도 분절되어 조각으로 분해될 수 없다. 인간의 삶은 경기 지표, KOSPI 지수, 소비 지표로 분해될 수 없다. 그렇기에 애초부터 확실성 상품이 급증하는 개인의 불확실성을 통제할 수 있으리라는 믿음은 신기루에 불과하다. 확실성 상품에 전 재산을 털어 넣는다 해도 확실성이란, 자기를 경영학적으로 재구성하는 경제인이 도달하고 싶어 하는 꿈에 불과할 뿐이다.

예측 산업이 보장해 준다는 삶의 확실성에 부여한 온갖 과대 평가야말로 사회적 불확실성이 지속적으로 되풀이되는 이유이다. 한편으로 우리는 법칙은 모든 것을 포괄하며, 불확실한 미래를 예측할 수 있도록 해 줄 거라는 과대 평가의 함정에 빠져 있다. 확실성을 숭상하는 사람에게 확실성이 선이라면, 불확실성은 절대 악이다. 하지만 확실성과 불확실성을 선과 악으로 갈라놓는 이분법은 교묘한 눈속임에 불과하다. 2008년 이후의 경제 위기라는 불확실한 상황을 야기한 원인은 온갖 파생 상품을 설계해 미래를 금융 공학의 힘으로 준비하라고 설교하던 금융 자본이다. 확실성이라는 신기루를 판매하는 금융 자본이야말로 사회적 불확실성을 주기적으로 양산하는 가장 확실한 불확실성의 원천이다. 우리가 이러한 사회적 불확실성에서 벗어나는 유일한 방법은 이들이 약속하는 확실성 보장이라는 마법에서 깨어나는 것, 이들이 조장하고 있는 이원론에서 벗어나는 것이다.

우리의 삶을 통째로 바꾸어 놓는 심각한 변화는 아무도 예측하지 못한 순간 일어난다. 전문가들의 예측 범위는 며칠을 벗어나지 못한다. 금융 전문가는 고작 다음날의 주가 흐름이나 예측할 수 있을 뿐이다. 어느 전문가도 우리의 삶을 통째로 바꾸어 놓은 1997년의 IMF 구제 금융 사태도, 2001년의 9·11 테러도, 2004년 12월의 쓰나미도, 2008년의 전 세계적 금융 위기도, 2010년 아이티의 지진도 예측하지 못했다. 전문가들은 매일매일 예측을 쏟아내며, 마치 확실성을 확보하도 한 듯한 제스처를 보여 주지만, 예측 산업이 내다볼 수 있는 시간은 우리의 인생을 24시간으로 환산하자면 찰나에 불과하다. 법칙은 과거를 설명할 뿐이며, 설명할 수 없는 것들은 숨긴다. 법칙이란 발생했던 모든 일 중에서 설명할 수 없는 '예외'를 제거한 결과로 등장한다. 사회 과학적 예측은 과학이라는 포장지를 쓰고 있지만, 정규 분포에서 벗어난 극단적인 사례들이 마치 없다고 간주하는 신기루 위에 구축된 확실성에 불과하다. 근대가 꿈꾸었던 확실성의 유효 기간은 찰나일 뿐이요. 찰나가 아닌 인생의 나머지 시간은 불확실성의 시간이다.

인생의 대부분을 불확실성이 지배한다고 해도 공포의 감정을 느낄 이유는 없다. 불확실성이라는 사실에서 공포를 느끼는 사람은 확실성이라는 신기루를 기대하는 사람뿐이다. 확실성을 보장한다는 예측 산업이 오히려 불확실성의 진원지임이 분명해진 지금, 불확실성을 공학적 방식으로 해결할 수 있다는 약속을 우리가 되풀이할 이유는 없다. 우리는 공학의 힘으로 삶의 확실성을 확보하려는 헛된 약속이 아닌 다른 생존의 기술을 찾아야 한다. 생존의 기술은 경영학적 자기 구성과는 다른 '자기의 테크놀로지'를 요구한다.

생존을 위한 자기의 테크놀로지는 삶의 지혜가 요구되는 자기의 기술이다. 삶의 지혜가 필요한 시대, 우리는 불행하게도 부모 세대들에게 생존의 기술을 물을 수 없다. 부모들이 체득한 자기 관리기법은 오래된 농경 사회의 관습, 한국 전쟁에 대한 공포스러운 기억으로 인한 타인에 대한 믿음의 부재, 절대적 빈곤이 지배하던 시대에 출현했던 성장 이데올로기와 독재의 시대를 거치면서 체화된 보신주의의 합작품이기에 우리가 선택할 수 있는 생존의 기술로는 부족하다. 결국 우리가 세상을 살아갈 지혜는 우리 스스로 만들어야 한다.

부모 세대로부터 물려받은 생존의 기술은 신자유주의가 개인에게 강요하는 혹은 개인이 신자유주의적 메커니즘에 적응하면서 스스로 체화한 자기 경영의 테크놀로지와 다를 바 없다. 경영학적 자기 관리는 나와 타인의 관계를 성공과 확실성 확보라는 필터를 통해 재구성한다. 경영학적 자기 관리에서 개인과 타인을 연결시켜 주는 관계의 핵심은 성공과 지배이며, 성공과 지배의 틀에 따라 개인과 타인의 위상을 높이의 고저로만 측정한다. 성공은 위상의 상승이며, 실패는 위상의 하강이다. 경영학적 자기 관리는 사다리에서의 상승과 하강이라는 양방향의 운동만을 알고 있다. 성공의 자기 관리술이 지배하는 곳에서 개인은 스스로를 시민이 아니라 소비자로 규정한다. 소비자는 자신과 타인의 관계를 경제적 관계로만 환원시킨다.

새로운 자기의 테크놀로지는 자신과 타인의 관계가 경제적 관계로 환원된 상태에서 벗어나 총체적인 관계의 회복을 겨냥한다. 개인은 경제적 주체인 소비자/생산자이자 동시에 정치적 주체인 시민이며 윤리적 주체인 인간인 것이다. 자기의 테크놀로지는 경영학적 자기 관리와는 다르다. 새로운 자기의 관리 기술은 자기와 타인의 관계를 수직선이 아닌 수평적 표면 위에 위치 지운다. 경제적 주체이자 정치적 주체이며 윤리적 주체인 개인은 타인과의 관계를 성공이라는 개념으로 틀 지울 수 없다. 새로운 자기의 테크놀로지란 바로 경제적 주체라는 환원의 악무한에서 벗어나는 순간 태동한다.

우리에게 필요한 자기의 테크놀로지는 예측을 통한 확실성 확보에 대한 과대 평가가 아니라, 삶의 불확실성과의 새로운 관계맺음을 지향한다. 존재론적 불확실성은 근대의 대담한 기획처럼 인식론으로도, 금융 자본의 꼬드김처럼 확실성 상품으로도 해결할 수 없다. 근대의 인식론은 불확실성을 위험한 상황이라고 포장하지만, 불확실성은 질서나 안정이 결핍/결여되어 있는 '악'의 상태가 아니라 결정 내려지지 않은 열려 있는 상태를 의미한다. 그렇기에 존재론적 불확실성은 인문의 힘으로 지고 가야 할 인간의 그림자이며, 불안의 근원이 아니라 창조의 진원지이다.

창조는 불확실성의 세계에서 만들어진다. 이것이 아닌 다른 것. 현존하는 세계와는 다른 세계는 불확실성의 세계를 통과할 때만 비로소 만들어진다. 그래서 상상력은 불확실성을 두려워하지 않는다. 상상력은 우리가 알지 못하는 것을 그리워하는 동력이며, 상상력은 부재하는 것에 대한 희망이다. 상상력의 원천은 체계가 아니라 불확실성이다. 인류는 호모 사피엔스의 터전을 떠나 먼 방랑을 마치고, 고향으로 돌아올 때 불확실성과 관계 맺는 새로운 삶의 테크놀로지를 익힌 채 돌아와야 한다. 망각되었던 존재론적 불확실성에 대한 자기의 테크놀로지 복원만이 불확실성 통제라는 인식론적 헛된 꿈의 미친 질주를 막아낼 수 있을 것이다. 구원은 때로는 망각되었던 것을 기억해 낼 때 이루어진다.

불확실성의 시대,
종교의 끝, 혹은 종교를 떠난 성스러움

이창익 | 한신대학교 학술원 연구 교수

| 성스러움의 불확실성, 종교 안의 종교와 종교 밖의 종교 |

스타니슬라브 안드레스키는 1972년에 출간된 『마법으로서의 사회 과학』이라는 책에서 우정이라는 개념이 현대 문화 속에서 어떻게 파괴되고 있는지를 흥미롭게 이야기한다. 그는 정신 분석학으로 인해 동일한 성별을 가진 사람들 사이에서 싹트는 모든 따뜻한 감정이 잠재적인 동성애의 징후로 해석되었으며, 이로 인해서 우정이라는 개념이 타락해 붕괴되어 버렸다고 말한다. 물론 우리는 여전히 우정이란 좋은 것이고, 우리의 삶을 따뜻하게 하는 것이며, 인간이라면 누구나 누려야 하는 당연한 감정 상태라고 생각한다. 그러나 머지않아 우정이란 그저 역사와 기억 속에만 존재하는 야릇한 향수의 대상이 될는지도 모른다. 우리가 생각하는 것 이상으로 우리의 감각과 감정은 개념에 속박되어 있다. 우정의 개념이 사라진다면, 우정의 감정 역시 소멸할 수밖에 없는 것이다. 이것이 바로 개념의 마법적인 힘이다. 개념은 존재하지 않던 현실을 새롭게 만들어 낼 뿐만 아니라, 존재했던 현실을 순식간에 사라지게 할 수도 있다.

군이 우정에 국한하지 않더라도 인간 역사 속에서 등장하는 모든 중요한 개념과 범주는 변화와 부침을 겪으면서 생장 소멸을 거듭한다. 과거에는 인간의 삶에 강력한 영향을 미쳤지만 이제는 흔적도 없이 역사 속에서 사라져 버린 개념들이 있다. 이러한 현상을 '개념의 죽음'이라고 부를 수 있다. 역으로 과거에는 존재하지 않았던 개념들이 새로이 만들어져 점점 성장해서, 이제는 인간의 삶을 규정하는 강력한 규범으로 자리 잡기도 한다. 그러므로 역사 속에 존재했던 중요한 개념들의 탄생과 죽음을 이야기하는 '개념의 전기'를 작성할 필요가 있다. 그러나 이러한 일이 사라져 버린 개념들을 전시하고 구경하는 개념의 박물관을 만드는 것에 그쳐서는 안 된다. 중요한 것은 인간의 개념들이 역사적인 필요에 따라 만들어지는 '역사적 상상력'의 산물이라는 사실이다. 그러므로 해당 개념을 통해서 인간들이 어떤 상상력을 전개했는지를 말해야 한다. 개념의 뿌리를 감싸고 있는 상상력의 수맥을 관찰해야 하는 것이다.

마찬가지로 종교라는 개념 역시 인간의 역사적 상상력의 작품이다. 역사에 따라 인간은 서로 다른 방식으로 상상을 한다. 상상력의 종류가 다른 것이다. 현재 우리는 끊임없이 종교는 이런 것일 뿐 저런 것이 아니라고 생각한다. 종교인이든 아니든 우리는 모두 종교에 대한 각자의 개념들을 가지고 있다. 그리고 이러한 개념에 입각해서 종교를 선택하기도 하고, 종교를 버리기도 하고, 종교를 비판하기도 한다. 누군가가 종교는 마약이라고 말한다면, 우리는 먼저 그 사람의 종교 개념을 물어야 하고, 이로써 그가 상상하는 종교의 그림을 살펴야 한다. 종교라는 개념은 항상 종교에 대해 갖고 있는 개인적·집단적 상상력의 작품이다. 그러므로 개념을 변화시키려면, 먼저 그전과는 다른 상상력을 전개할 수 있어야 한다. 상상력이 달라지면 개념이 달라지고, 개념이 달라지면 세계가 달라진다. 즉 우리가 종교라는 개념을 조금 다르게 상상할 수 있다면, 현재 우리 앞에 펼쳐지는 종교의 그림이 전혀 달라질 수도 있다.

종교라는 개념은 현실 안에 얼키설키 녹아들어 있는 '종교적인 것'을 끌어올리는 그물이다. 개념의 그물코가 달라지면 개념이 잡아내는 현실이 달라진다. 현재 우리의 종교 개념으로는 현실 안에 산재해 있는 '종교적인 것'을 잡아낼 수 없다. 그러므로 우리는 현재의 종교 개념을 수정해야 한다. 왜냐하면 우리의 종교 개념의 그물코가 너무 커서, 현재의 그물로는 여기저기 흩뿌려져 있는 미세한 종교적인 알갱이들을 제대로 붙잡을 수 없는 것처럼 보이기 때문이다. 우리 시대의 성스러움은 지나치게 미시적이고, 현재의 종교 개념은 지나치게 거시적이다. 그러므로 우리 시대의 성스러움이 불명료하다면, 이는 모두 개념과 현실의 불일치에서 기인한다. 그렇기 때문에 먼저 우리는 우리 시대의 종교적 상상력이 얼마나 미시적으로 전개되고 있는지를 파악해야 한다. 그러한 연후에 우리는 우리의 종교 개념을, 즉 우리가 상상하는 종교의 그림을 변화시켜야 한다.

　성스러움의 불확실성은 무엇보다도 종교 아닌 것, 즉 비종교가 종교보다 더 성스럽게 느껴질 때 생겨나는 우리의 당혹감을 가리킨다. 근대 세계는 종교 안에 갇혀 있던 성스러움이 종교 밖으로 서서히 유출되면서, 종교보다는 세속이 더 성스럽게 되는 과정을 통해서 형성되었다. 이러한 세속의 성스러움을 통해서 우리는 종교의 경계선 밖에서 분출하는 성스러움, 즉 '종교 밖의 종교'를 지각하게 된다.

　'종교 밖의 종교'란 우리의 종교 개념 안에 담기지 못한 채 종교 주변을 맴도는 수많은 종교적인 것들을 가리킨다. 게다가 우리는 종종 '종교 밖의 종교'가 '종교 안의 종교'보다 훨씬 더 종교적이라는 사실을 발견하게 된다. 심지어 종교는 항상 종교를 떠나고자 하는 역설적인 지향성을 가지고 있는 것처럼 보인다. 종교는 항상 종교를 떠나서 종교 아닌 것 속으로 스며들어 간다. 종교가 비종교 안에 기생하는 것이다. 우리는 이것을 '종교의 비종교 지향성'이라고 부를 수 있다. 종교는 이렇게 자기를 부정해 비종교가 됨으로써 종교 외부로 퍼져 나간다. 종교는 모든 것이 되고자 하는, 심지어는 종교 아닌 것이 되고자 하는 제국주의적 욕망에 사로잡혀 있다. 종교는 극단적인 자기 부정성을 원동력으로 삼는다. 종교의 역사 속에서 그렇게나 다채로운 종교들이 존재했던 이유는 바로 종교의 자기 부정적 탈주 능력 덕분이었다. 인간의 삶 역시 그러하다. 인간의 삶은 인간이 세상에 태어나서 자기 밖으로 지속적으로 자기를 확산

시키는 과정이다. 세상 속에 자기를 확산시킬 때 생겨나는 넓이와 깊이에 대한 욕망, 이것이 바로 인간이 지닌 '힘을 향한 의지'일 것이다. 종교 역시 이러한 힘을 지향한다.

특히 근대 세계의 가장 큰 특징은 사람들이 종교 안에서보다 오히려 종교 밖에서 더 진지하게 종교적인 경험을 하고 있다는 점이다. 종교의 울타리 안에서는 지속적으로 성스러움의 공동화(空洞化) 현상이 벌어지고, 종교적인 신앙은 희화화되거나 정신병의 한 형태처럼 취급되기조차 한다. 근대 이성의 신뢰 구조 속에서 종교가 설 자리는 점점 사라지고 있다. 과거처럼 신, 초월성, 궁극성이라고 부를 수 있는 하나의 확고부동한 형이상학적 준거점이 설정되고, 이러한 준거에 입각해 삶이 전개된다면 삶의 모든 것은 투명하고 확실해질 것이다. 그리고 이때 불확실한 것은 단 하나, 즉 신의 존재 문제뿐일 것이다. 그러나 서구 기독교는 신앙이라는 종교적 범주를 발명함으로써, 신의 존재의 확실성을 이성이 아니라 믿음의 문제로 치환해 내면화시켜 버렸다. 기독교로 인해서 서구인은 외부에 존재하는 신보다는 내면에 말을 거는 신을 더 신뢰하게 되었다. 신앙과 믿음이라는 종교적 발명품으로 인해서 신 존재의 형이상학적 불확실성이 말끔히 해소될 수 있었던 것이다. 오늘날 우리가 종교를 믿음의 문제로만 축소시켜 생각하게 된 것은 결국 근대화·서구화·기독교화의 결과물일 뿐이다. 종교에서 믿음이 가장 핵심적인 것이라는 주장은 단지 역사 속에서 두드러지게 된 하나의 종교적 편견일 뿐이다.

종교학자이자 신학자였던 루돌프 오토의 말을 빌리자면 성스러움은 완전한 타자에 대한 경험에서 생겨난다. 상상의 타자이든, 현실의 타자이든, 모든 타자는 항상 종교적 사유의 대상이 된다. 종교는 타자를 산출해 세계의 논리적이고 합리적인 질서의 빈틈을 메우는 장치이다. 세계의 그림 안에 공백이 많을수록 그 사회는 더 종교적이 될 수밖에 없다. 그러므로 종교는 세계의 공백을 해결하는 공적 장치였다. 종교는 항상 그렇게 세계의 빈틈, 인식의 빈틈, 감정의 빈틈을 공략한다. 물론 근대화 과정을 통해 종교가 차지하던 공백을 의학이, 과학이, 이성이 점령했던 것도 사실이다. 그러나 인간의 삶이란 얼마나 허점투성이인가. 인간이 완전성을 갈망하는 한 항상 종교는 존재할 수밖에 없다. 완벽주의를 지향할수록 세계는 빈틈으로 구멍이 숭숭 뚫려 있을 것이기 때문이다. 신은 인식과 욕망의 빈틈으로 틈입해 똬리를 튼다. 그리고 우리는 그러한 빈틈에 자리한 비밀스러운 타자를 성스러움이라는 용어로 수식한다. 우리는 세계의 공백에 사원을 세우고, 신상을 만들고, 그것만으로는 안 될 때는 책을 써서 문자와 이야기로 세계의 공백을 메운다. 우리는 그것을 종교라고 부른다. 그렇게 종교는 외부 세계에 물화되어 자신의 성스러움을 뽐낸다.

　그런데 우리가 사는 현재 세계에서 성스러움의 불확실성이 문제가 된다면, 그것은 물화된 성스러움이 더 이상 세계의 공백을 메우는 타자나 비밀의 역할을 하지 못하고 있기 때문이다. 이제 우리에게 외부 세계에 물화된 성스러움은 역사적 유물로 남아 관광의 대상이 되고 있을 뿐이다. 유명한 성당과 사찰을 찾는 이는 종교인이 아니라 관광객이다. 또한 외적 세계에 존재하던 수많은 세계의 공백은 종교 아닌 다른 대체물로 채워져 해결되고 있다. 하늘의 성스러움은 천문학을 통해서, 질병은 의학을 통해서, 운명은 경제학을 통해서 설명되게 된 것이다.

근대 세계에서 종교는 외부 세계에서 물러나 인간의 내면 세계로 철저하게 환원되는 과정을 겪었다. 종교가 내면화·개인화·정신화의 과정을 거친 것이다. 그리고 내면화 과정에 실패한 종교는 대부분 구시대의 유물로 전락해 버렸다. 정신화와 개인화 과정을 통해서 외부에 물화된 성스러움 역시 철저하게 내면의 성스러움으로 치환되어 버렸다. 이제 세계에 존재하는 가장 성스러운 장소는 인간의 마음과 정신이다. 예컨대, 프로이트는 무의식을 발명함으로써, 인간의 내면이야말로 가장 성스럽고 타자적인 대상이라는 것을 성공적으로 보여 주었다. 정신 분석학은 타자성의 내면화를 완성하는 종결 부호였다. 또한 우리는 생명 공학을 통해서 인간의 신체가 얼마나 신비롭고 비밀스러운 것인지를 점차 깨달아 가고 있다. 이전에는 세계 밖에 흩뿌려져 있던 온갖 성스러움이 이제 인간의 몸과 정신 속으로 응집되었으며, 이렇게 해서 구성된 것이 바로 근대적인 인간이다. 이것을 뒤집어 말하면 인간에게 완전한 타자는 바로 인간 자신인 것이며, 외부 세계에 살던 신이 이제 인간의 몸 안에서 살게 된 것이라고 말할 수 있다. 외부의 타자를 제거한 종교가 이제 내면의 자기를 타자로 만들어 버린 것이다. 이때 사람들은 자기 자신의 신비, 즉 나의 신비에 주목하게 된다.

근대 세계에서 종교는 이전과는 다른 매우 독특한 상황에 처해 있다. 예전에는 외부인에게 감추어져 있던 수많은 종교적 텍스트, 관념, 믿음, 의례가 책으로 출판되어 만인에게 공개되어 버린 것이다. 이제 종교에는 더 이상 비밀이 없는 것처럼 보인다. 예전에는 장기간에 걸친 훈련과 사색을 통해서만 얻을 수 있었던 종교적 비밀이 이제 마치 상식처럼 누구나 접근할 수 있는 것이 되어 버렸다. 그러나 비밀이 오해를 통해 성장하는 것처럼, 과거의 종교적 비밀 역시 이해보다는 오해를 통해서 신비화되고 있는 것처럼 보인다. 이제 종교 안에는 비밀의 서책도, 절대적 타자도 존재하지 않는 것처럼 보인다. 형이상학적 공허에 시달리는 오늘날의 종교는 이제 마치 주문을 외는 것처럼 자신의 교리를 반복할 뿐이다. 종교 안에는 더 이상 종교가 존재하지 않는 것 같다. 우리가 우리 시대의 성스러움을 이야기해야 한다면, 그 자리는 항상 종교 외부일 수밖에 없다. 우리는 외부 세계에 존재하는 객체로서의 성스러움이 아니라, 세속 안에서 흩날리는 성스러움의 향기, 성스러움의 바람, 성스러움의 꽃가루 같은 것을 이야기해야 한다. 지금 우리 시대의 성스러움은 고체의 성스러움이 아니라, 액체의 성스러움이며, 작은 열기만으로도 쉽게 증발해 버리는 기체의 성스러움이다. 성스러움의 불확실성은 이와 같은 성스러움의 휘발성에서 기인한다.

종교와 성스러움이 어느 정도 일치하던 시대가 있었다. 종교가 성스러움의 지도를 보여 주던 시대가 있었다. 그러나 역사 속에서 어느 순간 종교는 스스로 죽어 세속이 되었다. 우리는 이렇게 종교의 죽음을 통해 만들어진 세속 사회를 근대 사회라고 부른다. 마치 우주 창조 신화 속에서 죽은 신의 시체로부터 우주가 생겨났던 것처럼, 그렇게 종교의 죽음으로부터 형성된 것이 우리의 세속 사회이다. 종교 안에 있던 모든 성스러움이 종교 밖으로 유출되어 세속이 된 것이다. 이제 우리에게 성스러움을 보여 주는 것은 종교가 아니라 세속이다. 종교와 성스러움의 불일치 현상, 그리고 이와 병행하는 세속과 성스러움의 일치 현상에 주목할 때, 비로소 우리는 왜 우리가 종교 안에서 성스러움을 감지할 수 없는지, 도대체 성스러움이 모두 어디로 흩어져 사라진 것인지를 이해할 수 있을 것이다.

| 종교 이전의 종교와 종교 이후의 종교 |

우리는 현대 문화 속에서 여전히 종교가 성스러움의 제작소이자 전달자로서의 역할을 할 수 있는지에 대해서 물어야 한다. 현재 많은 사람들이 극히 회의적인 시선으로 종교를 바라본다는 것은 사실이다. 과연 현재의 종교들이 종교다운지, 우리가 머리 숙일 만큼 종교가 성스러운 것으로서 존재하고 있는지에 대해서 많은 이들이 부정적인 입장을 취하고 있는 것이다. 어떤 사람들은 니체가 말한 '신의 죽음'에 빗대어 '종교의 죽음'을 이야기하기도 한다. 더 이상 신을 찾을 필요가 없는 현대인에게 '신을 찾는 지도'인 종교가 필요할 리 만무하다는 것이다. 그래서 현재 우리가 종교라고 부르는 것들은 역사가 남긴 종교의 그림자에 불과한 것이며, 현대 종교는 그저 죽은 종교에 대한 진혼곡이거나 종교에 대한 향수의 열정일 뿐이라고 주장하기도 한다. 혹은 제도 종교란 진정한 종교적 알맹이가 빠진 껍데기에 불과한 것이라고 비난하기도 한다.

나아가 많은 이들이 종교의 미래에 대한 물음을 던지고 있다. 종교가 완전히 사라져 버린 시대가 가능할 것인가? 즉 미래에도 여전히 종교가 존재할 것인가? 종교가 존재한다면 현재의 모습처럼, 기독교, 불교, 유교, 이슬람교 등의 모습으로 존재할 것인가, 아니면 전혀 다른 방식으로 존재할 것인가? 이러한 물음은 모두 '종교 이후의 종교'에 대한 것들이다. 즉 '종교 이후의 종교'란 현재의 종교 이후에 존재할 미래의 종교를 가리킨다. 그리고 여기에서 우리가 이야기할 것도 바로 이러한 '종교 이후의 종교'에 관한 것이다. 반대로 수많은 신화에서 이야기하는 내용처럼 인간과 신들이 더불어 살던 신화적 시대에는 종교가 필요 없었을 것이다. 왜냐하면 신적 존재들과 마주하며 살았던 모든 인간들은 당연히 종교적이었을 것이기 때문이다. 현재 우리에게 종교는 인간의 삶의 특정한 일부분일 뿐이지만, 신화적 인간의 삶은 온통 통째로 종교적이었을 것이다. 신화적 인간은 종교와 비종교가 전혀 구분되지 않는 삶을 살았다고 말할 수도 있다. 그러나 먹기, 마시기, 놀기, 일하기, 춤추기, 공부하기 같은 모든 삶의 내용이 철두철미 종교적이었던 인간은 신화 속에만 존재하는 완벽한 종교적 인간일 뿐이다. 우리는 인간이

피와 살을 지닌 채 신을 만날 수 있었던 이러한 신화적 종교를 '종교 이전의 종교'라고 부를 수 있다. '종교 이전의 종교'는 삶이 완벽하게 종교적이어서 종교가 필요 없던 시대의 종교를 가리킨다. 그리고 이러한 종교야말로 대부분의 현대의 종교인이 꿈꾸는 종교의 모습이기도 하다.

적어도 많은 종교에서는 다음과 같은 주장을 편다. 아득한 옛날에 신들이 지상을 떠나 하늘로 사라지기 직전에 신들은 인간들에게 한 장의 낡은 지도를 남겼다. 검게 그을리고 귀퉁이가 찢어지고 선들이 지워져 알아보기 힘든 이 낡은 지도가 바로 종교였다. 그리고 역사 속에서 인간들은 낡은 지도의 지워진 길들을 복원하기 위해서 다양한 모습의 상상력을 발휘했다. 이렇게 볼 때 종교는 신에게 접근하는 다양한 길들이 묘사된 '상상력의 지도'라고 할 수 있을 것이다. 그런데 마치 보물 지도가 여전히 현대인의 상상력을 사로잡는 것처럼, 지금도 현대인은 종교라는 '신의 지도'를 포기하지 못하고 있다. 완벽한 종교가 존재한다면 그러한 종교는 신에 이르는 길을 완벽하게 보여 줄 것이라고 기대하고 있는 것이다. 실제로 현재 우리가 종교라고 알고 있는 많은 종교들은 신에 도달하는 비밀스러운 통로를 알고 있다고 주장한다. 물론 어떤 종교도 신의 존재를 실증한 적은 없다. '파스칼의 내기'처럼 현대인에게 종교는 혹시라도 있을지 모르는 천국이나 지옥에 대한 불안감 때문에 속는 셈치고 가입하는 보험처럼 존재하는 경우가 많다.

그런데 여기에서 우리는 한 가지 의문점과 마주치게 된다. 그것은 종교를 비난하는 사람일수록 종교에 대한 기대치가 매우 높다는 것이다. 즉 종교에 대한 그들의 독특한 기대가 종교를 비난하게 만든다는 것이다. 그러므로 유물론, 무신론, 반(反)종교를 표방하는 사람이 사실은 종교인보다 더 큰 종교적 기대감을 품고 있을 것이라는 해석이 가능해진다. 종교에 실망할수록 종교를 부정하게 되지만, 사실 종교의 진화는 항상 현재의 종교에 대한 부정에서 시작된다. 종교는 다른 어떤 영역보다도 지속적으로 부정을 통해서 타자를 산출하는 메커니즘이기 때문이다. 종교는 끊임없이 세계 안에 없는 것, 세상에 존재하는 것과는 전혀 다른 것을 상상해 내는 기술이다. 이것을 종교의 '타자 지향성'이라고 부를 수 있다.

그런데 종교의 역사에서 우리는 결코 '완벽한 종교'를 만날 수 없다. '완전한 인간'이 존재하지 않듯이 불행히도 '완전한 종교'는 없다. 마치 예술 작품처럼 종교는 인간의 상상력이 빚어낸 '작품'이라고 할 수 있다. 물론 종교라는 이름으로 만들어진 작품들이 모두 걸작인 것은 아니다. 당대에는 빛을 보지 못하다가 후대에 와서 재평가되는 '종교 작품'도 많다. 그리고 당대에는 진리의 구현체로 여겨지던 '종교 작품'이 나중에는 폐물로 취급되어 쓰레기통 속에 버려지기도 한다. 역사적인 관점에서 볼 때 종교는 결코 참인 것도, 선한 것도, 아름다운 것도 아니다. 예컨대 도덕의 관점에서 종교를 재단하는 것은 현대 사회의 독특한 특징일 뿐이며, 과거 역사 속에는 도덕적인 종교만큼이나 부도덕한 종교가 많이 존재했다.

현재 우리에게 중요한 것은 '신의 유무'나 여기에 바탕을 둔 '종교의 진위'의 문제가 아니다. 오히려 우리는 조금은 다른 방식으로 종교를 정의해야 한다. 일단 우리는 종교를 다음과 같이 정의할 필요가 있다. 종교는 성스러움을 제작하고 보존하고 전달하는 '기억 장치'이다. 그러므로 우리는 종교가 어떤 방식으로 성스러움을 제작하는지, 어떤 장소에 성스러움을 저장하는지, 그리고 어떤 매체를 통해 성스러움을 전달하는지를 설명해야 한다. 그러므로 우리는 과거에 성스러움이 어떤 모습으로 존재했는지, 그리고 현재는 어떻게 존재하고 있는지를 먼저 물어야 한다. 종교는 형이상학, 윤리학, 미학으로는 서술할 수 없는 또 다른 독특한 차원을 가지고 있다. 특히 19세기 후반부터 많은 학자들이 종교만이 가지고 있는 이러한 차원을 '성스러움'이라는 용어로 표현했다. 즉 종교는 진, 선, 미의 기준이 아니라 성스러움의 측면에서 이해해야 한다고 주장했던 것이다. 그렇다면 그러한 성스러움은 도대체 어떤 모습으로 우리 곁에 존재했던 것일까?

| 종교가 잃어버린 물질적 성스러움: 종교와 예술의 분리 |

근대 사회는 성스러움 부재의 사회가 아니라 성스러움이 종교 안에서 종교 밖으로 자리를 이동한 사회이다. 즉 근대 문화는 '종교 안의 종교'가 '종교 밖의 종교'로 변형되는 과정 속에서 형성되었다. 네덜란드 종교학자인 헤라르뒤스 반 데르 레이우의 논의를 따르면서 서구 예술을 예로 들어 이 변형의 과정을 설명해 보자.

근대 이전에 종교와 예술은 통일된 하나의 틀 안에서 존재하고 있었다. 오히려 예술은 종교적 내용을 드러내는 표현 형식이었다. 혹은 예술은 종교가 신을 만나기 위해서 고안한 성스러움의 도구였다. 예컨대 인간은 춤을 통해서 언어 없이 몸만으로 신을 만나는 방법을 체득했다. 음악학자인 쿠르트 작스는 춤의 역사가 이미 선사 시대에 완성되었으며, 선사 이후로는 오로지 춤의 쇠퇴의 역사만이 존재했다고 말한다. 춤은 신과 만나는 가장 일차적인 방식이었다. 춤을 통해 엑스터시 상태에 빠져들면서 인간들은 평소에는 드러나지 않는 '제2의 정신'을 발견하게 되었던 것이다. 실제로 많은 원시 종교는 춤을 상실하는 순간 종교 자체의 소멸에 직면한다.

뉴칼레도니아에 기독교 선교사들이 진출하면서 어떤 부족의 추장이 춤을 폐지하기로 결심하고 춤에서 사용되던 물건들을 묻어 버리거나 선교사들에게 내주었다고 한다. 이때 부족민들은 "아! 춤의 신을 강탈당했다."라고 하면서 탄식을 했다. 몰리에르의 『자칭 신사』의 등장 인물은 다음과 같은 대사를 내뱉는다. "인간에게 춤만큼 필요한 것은 없다. …… 모든 인간의 불행, 역사가 우리에게 보고하는 모든 운명의 타격들, 모든 정치상의 잘못들, 위대한 지휘관의 모든 패배들은 오로지 춤을 이해하지 못했다는 사실에서 기인하는 것이다." 이제 우리 주변에 존재하는 대부분의 종교는 더 이상 춤을 추지 않는다. 종교들이 춤을 추지 않게 되면서 우리는 '춤의 종교'와 '춤의 신'을 상실해 버렸다. 아마도 춤의 종교가 쇠퇴한 이유를 우리는 "누구도 정신을 잃지 않고서 제정신을 갖고 춤을 추지 않는다."라고 말한 키케로를 통해서 짐작할 수 있다. 그러나 종교가 잃어버린 춤은 스스로 독립해 예술이 되었다. 그리고 종교에서 빠져나온 춤의 성스러움은 그렇게 무대 위에서 춤을 추는 무용수의 몸짓 속에 여전히 녹아들어 있다. 그래서 춤추는 무희의 몸짓 속에서 우리가 일상과는 다른 무엇을 만난다면, 그것은 바로 춤의 종교에 대한 희미한 기억일 것이다. 과거의 종교가 '춤추는 종교'인데 비해서 현재의 종교는 '춤을 추지 않는 종교', 즉 가급적이면 몸을 사용하지 않는 종교이다. 이때 종교가 잃어버린 것은 바로 몸이 만들어 내는 독특한 성스러움이다.

우리가 흔히 클래식 음악이라고 부르는 서양의 고전 음악 역시 마찬가지다. 우리는 바흐와 베토벤이 종교에는 별 도움이 안 되는 미사곡을 썼다는 사실을 알고 있다. 바흐와 베토벤의 음악은 숭배를 위한 것이 아니기 때문이다. 그러나 우리는 그들의 음악을 통해서 음악의 성스러움이 무엇인지를 알게 된다. 우리는 종교 안에 존재하는 예배를 위한 음악보다도 종교 밖에 존재하는 클래식 음악을 통해서 더 진한 성스러움의 소리에 빠져든다. 클래식 음악은 '종교 밖의 종교'의 대표적인 예가 된다. 바흐의 음악이 기독교 교회 음악에 근원을 두고 있기 때문에 바흐를 듣지 않는 불교 신자는 거의 없다. 베토벤을 들으면서 기독교의 신을 생각하는 사람도 거의 없다. 바흐나 베토벤에 의해서 이제 종교로부터 분리된 음악, 즉 음악일 뿐 다른 어떤 것도 아닌 '절대적인 음악'이 탄생했던 것이다. 그래서 클래식 음악은 세속화된 성스러운 소리인 것이다.

　문학과 언어의 탈종교화 현상 역시 언급할 필요가 있다. 말과 사물의 동일시는 종교의 가장 일반적인 특징이다. 저주와 언어 금기는 모두 말의 힘에 대한 믿음에서 기인한다. 신의 이름이 성스러운 것도 그 이름이 신과 동일한 것이기 때문이다. 니체는 리듬이란 신들의 영혼까지도 움직이게 하는 것이라고 말한다. 마찬가지로 종교적인 주문이란 것도 결국 운율과 리듬을 통해 말 안에 힘을 저장해 신을 움직이게 하는 기술이라고 할 수 있다. 이때 리듬을 따라 힘을 저장하는 종교 언어는 기본적으로 운문일 수밖에 없다. 그러나 특히 천국에 도달하기 위해서는 인격적인 신에게 전적으로 사적인 방식으로 각자 비밀스럽게 기도해야만 한다는 기독교적 기도의 방식의 대중화되면서 종교의 언어 역시 차츰 산문화되었던 과정 역시 주목할 필요가 있다. 주문은 모든 사람이 동일한 언어로 신에게 말을 거는 것이지만, 기도는 각자 다른 언어로 신과 대화하는 것이기 때문이다. 그러므로 기도의 언어는 산문의 언어이며, 산문의 언어는 개인주의의 탄생과 맥을 같이한다. 운문이 집단의 언어라면 산문은 개인의 언어이기 때문이다.

　우리는 종교 언어가 처음에는 노래였다가, 나중에는 시가 되고, 마지막에는 산문이 되는 과정을 살펴볼 수 있다. 그러나 종교 언어가 산문이 되었던 반면에, 상징과 비유를 통해 이야기하는 종교의 언어는 근대 사회에서 시와 소설 같은 문학 안으로 흡수되었다. 물론 근대시는 전통이나 신화를 이야기하기보다는 개인의 감정을 언어화함으로써 '개인의 탄생'에 일조한다. 그러나 우리가 시와 소설 속에서 언어의 성스러움에 전율하게 된다면, 이때 우리가 만나는 것은 역시 '종교 밖의 종교'이다. 문학은 '언어 너머의 언어'를 추구하는 장치이기 때문이다. 그러나 우리는 문학이 종교적인 성스러움을 더 이상 전달하지 못할 때, 그래서 종교로부터 완전히 분리된 문학이 탄생할 때, 이러한 절대적인 문학이야말로 문학의 종언의 시작임을 알아야 한다. 또한 우리는 언어가 성스러움을 인간화시키는 가장 강력한 수단이라는 사실에 주목해야 한다. 말하는 신의 등장은 성스러움의 철저한 언어화 현상을 초래했다. 이제 말을 함으로써 신이 점차 인간이 되기 시작한 것이다. 역으로 이것은 말하지 못하는 신의 소멸을 증언한다.

그림이나 조각 역시 종교의 가장 탁월한 표현 양식이다. 종교는 시간을 정지시켜 낡은 시간을 지우고 새로운 시간을 만드는 기술이다. 종교는 항상 현재의 시간을 지우고 그 텅 빈 자리에 이상적이고 신화적인 시간을 들여놓는다. 종교는 시간의 바퀴를 거꾸로 돌려서 낡고 더렵혀진 시간의 자리에서 다시 깨끗한 시간을 회복시키기 때문이다. 종교는 시간을 되돌려서 현재 안에서 여전히 신화적 과거를 살게 하거나, 아니면 시간을 앞질러서 미리 종말론적 미래를 살게 함으로써, 현재의 시간을 통제하는 장치가 된다. 이런 맥락에서 볼 때 그림이나 조각은 시간과 생명의 흐름을 정지시키고 응결시키는 매우 효과적인 수단이라고 할 수 있다. 그림이나 조각은 시간이 제거된 공간의 이야기이기 때문이다. 예컨대, 사물에 대한 그림은 단지 사물에 대한 모방에 그치는 것이 아니라, 하나의 사물이 낳는 또 다른 사물이 된다. 그림은 그 자체로 하나의 사물이다. 그리고 이렇게 만들어지는 그림으로서의 사물은 우리가 사는 세계에 또 다른 세계를 창조하는 제2의 사물, 즉 새로운 질서에 속하는 사물이다. 이미지가 단순히 사물에 대한 복제품이나 모방물이 아니라 세계에 존재하는 '세계 밖의 사물'일 수 있다는 사실 때문에 이미지는 두렵고 무서운 것일 수가 있는 것이다.

인간의 얼굴은 다양한 표정을 담고 있다. 그리고 그때그때의 표정은 살아 있는 시간의 흔적이 된다. 그런데 가면을 씀으로써 인간은 얼굴의 시간을 지워 버린다. 그러나 가면이 보여 주는 하나의 표정, 하나의 이미지가 살아 있는 얼굴의 무수한 표정보다 훨씬 더 많은 상상력을 자극한다. 마치 죽음으로 인해서 인간의 얼굴에서 표정이 사라지는 것과도 같다. 마찬가지로 가면을 쓰는 인간은 살아 있으되 죽은 인간이 된다. 가면 하나로 삶과 죽음이 뒤섞이는 것이다. 이것이 바로 가면이 타자성, 즉 성스러움을 만드는 기본 원리이다. 마찬가지로 사진 역시 시간을 응결시키는 장치이다. 사진은 정지된 시간 속에서 만들어지는 새로운 시간이다.

또한 영화 감독인 안드레이 타르코프스키는 영화를 통해 처음으로 인류가 움직이는 시간을 저장하는 방법을 갖게 되었다고 말한 적이 있다. 영화를 통해 인간은 처음으로 응결하지 않은 채 과거의 시간을 보존할 수 있게 된 것이다. 사진이 시간을 제거하는 기술이라면 영화는 시간을 저장하는 기술인 것이다. 그러나 영화 역시 편집된 시간, 즉 또 다른 가상의 시간을 만들어 낸다. 음악이 모든 것을 시간 안에 담는 기술, 즉 공간조차도 시간 안에 담는 기술이라면, 역으로 그림이나 조각은 모든 것을 공간에 담는 기술, 즉 시간조차도 하나의 공간 안에 담는 기술이 된다. 우리는 서구의 청교도주의가 이미지를 제거하고, 이미지 대신에 책을 썼던 종교라는 것을 알고 있다. 종교 안에서의 이미지 혐오로 인해서, 이때부터 본격적으로 이미지가 지속적으로 종교에서 분리되어 예술의 영역으로 옮겨졌던 것이다. 이러한 결과 종교는 점차 성스러움을 만드는 강력한 장치 하나를 잃어버리게 된다. 근대 종교의 탈이미지화는 종교가 외부 세계에 물화되기를 지속적으로 거부하면서, 언어를 매개로 하여 점차 내면화되었다는 것을 보여 준다.

건축술 역시 시간을 정지시켜서 공간 안에 담는 기술이다. 신전, 집, 도시를 건축함으로써 인간은 성스러운 힘을 특정한 장소에 고정시킨다. 그러므로 건축술은 세계의 나머지로부터 건축 장소를 분리시키는 경계선을 긋는 기술이다. 그래서 모든 집은 힘의 울타리가 된다. 12세기에 건축된 프랑스의 대성당들은 아담과 이브의 창조에서 시작해 맨 마지막의 최후의 심판에 이르는 전 과정을 건물 안에 담으려 했다. 우주의 시간을 하나의 건물 안에 응축시키려 했던 것이다. 그래서 건축은 돌로 표현되는 시간의 교향곡인 것이다. 괴테는 건축을 '응고된 음악'이라고 불렀다. 그러나 근대 세계에는 더 이상 신의 집이 존재하지 않는다. 신은 외부 세계에 물화된 집보다는 세계 밖에 거주하거나 인간의 내면에 거주한다. 과거의 종교 건축물은 이제 관광 상품으로 전락해 버렸으며, 현재 지어지고 있는 종교 건축물은 신들의 집이라기보다는 종교를 기억하기 위한 종교의 흔적처럼 보일 뿐이다. 그러나 현재 웅장하게 지어진 세속적인 건축물 속에서 우리가 건축물의 종교적인 지향성을 얼핏 보게 되는 경우가 있다. 아파트든 학교 건물이든 단지 주거나 교육을 위한 건물에 그치는 것이 아니라, 끊임없이 다른 무언가가 되고자 하는 지향성을 품고 있는 것처럼 보일 때가 있다. 이때 건축물은 그 자신의 용도를 벗어나서 다른 무언가가 되려는 욕망을 내재하고 있는 것처럼 보인다. 그러나 우리는 근대 역사 속에서 건축물을 통해서만 표현되는 공간적인 성스러움이 종교에서 지속적으로 상실되는 과정을 보게 된다.

마지막으로 예술의 한 양식으로서의 드라마의 예를 들어보자. 드라마의 작가들은 주요 인물들을 개별화하기보다는 직위와 출생 성분에 따라 유형화한다. 희극에 등장하는 바보, 광대, 먹보, 구두쇠, 포주, 매춘부, 유모, 배반당한 남편, 젊은 연인, 희극적인 노파 역시 전형적인 인물이다. 독서의 대상이 되는 소설이나 시는 개별성을 극대화하는 장치이지만, 상연되는 드라마는 개별성이 제거된 전형적인 인물을 통해 이야기를 전개한다. 관객은 무대 위에 등장하는 전형적인 인물을 통해 자신이 사는 세계를 보며, 등장 인물과의 동일시를 통해 자신의 개별성을 지운다. 그러므로 드라마는 전형성으로 개별성을 지우는 장치가 된다. 드라마를 보면서 관객들은 개별적인 시간에서 빠져나와 전형적인 인물들이 펼치는 이야기의 시간으로 들어간다. 특히 드라마는 기존에 이미 다른 이야기들 속에 존재했던 전형적인 캐릭터들을 이용해서 새로운 이야기를 펼쳐간다. 물론 사회가 복잡해지면서 사회를 표현하기 위한 새로운 캐릭터가 생겨나기도 한다. 그러나 무엇보다도 중요한 것은 전혀 다른 두 명의 관객이 무대 위에 있는 한 명의 캐릭터 안에서 동시에 자기 자신을 보게 된다는 것이다. 드라마는 이렇게 폐쇄된 이야기 구조와 전형적인 캐릭터를 통해서 세계 너머에 존재하는 전형적인 닫힌 세계를 보여 준다. 이러한 의미에서 괴테는 드라마를 두고 다른 사람의 눈을 통해 보고 행위하는 것이며, 인간이 다른 인간이 되는 방법이라고 말했던 것이다. 따라서 드라마는 훌륭한 인간적인 이해의 기술, 즉 자기 자신을 또 다른 존재 안에 두는 가장 고상한 형태의 이해의 기술이다. 자기 자신 안에서 모든 인간을 발견하는 것, 그것이 드라마의 비밀인 것이다.

종교 개혁 이후 많은 프로테스탄트들은 극장에 가는 것을 거부했다. 연극이 신을 무대에 세우는 것을 견딜 수 없었기 때문이다. 왜냐하면 무대에 오르는 순간 신, 예수, 사제, 순교, 기독교인 같은 기독교의 모든 구성 요소가 농담, 희화화, 외설의 상스러운 대상으로 변질되었기 때문이다. 특히 종교 개혁을 전후해 기독교는 성스러움이 무대에 오르는 것을 극단적으로 혐오했다. 다시 말해서 성스러움이 농담과 외설의 대상이 되는 것을 견딜 수 없었던 것이다. 그러나 드라마의 진정한 가치는 성스러움을 무대에 올려서 농담과 외설 같은 장치를 통해서 성스러움 자체를 객관화하고 반성하는 장치로 기능했다는 사실에서 찾을 수 있다. 더 이상 무대에서 신을 볼 수 없게 되면서부터, 종교의 무대가 그저 '나'와 '신'이라는 두 명의 배우만으로 채워지게 된 것이다. 종교에서 드라마를 제거할 때 종교는 서서히 농담과 외설을 잃어버리게 된다. 종교 안에서 웃음 소리가 사라지게 되는 것이다.

종교와 예술의 관계를 통해서 우리는 종교가 춤, 음악, 문학, 그림과 조각, 건축, 드라마라는 예술적 표현의 수단으로부터 점진적으로 분리되는 역사를 보게 된다. 이것은 동시에 종교가 성스러움을 표현하는 물질적 수단을 상실하는 과정이기도 하다. 우리가 근대 예술 속에 숨어 있는 성스러움에 주목해야 하는 것도 이 때문이다. 종교와 예술의 분리 과정을 통해서 종교적 성스러움이 예술 속으로 파편화되어 분산되면서, 새로운 세속적인 성스러움을 창조했기 때문이다. 이때 예술은 종교보다 더 성스러운 세속적인 종교의 한 형태가 된다.

니체는 성스러움이란 기괴하고 무섭고 불길한 것이라고 말한다. 과거에는 실제로 가장 매력적이지 않고, 가장 인간적이지 않으며, 가장 추한 신들의 이미지가 가장 성스러운 것으로 평가되었다. 근대인의 환상 속에서 성스러움은 아름답고 매력적인 것이다. 그러나 일반적으로 종교는 아름다운 것보다는 추한 것을 더 선호한다. 우리는 그리스에서 조형 예술이 발달하면서 신들이 인간 형상을 지닌 것으로 개념화되었다는 것을 알고 있다. 그러나 미학이 종교를 지배할 때 종교는 쇠퇴의 길을 걷게 된다. 종교가 아름다워야 한다는 종교적 편향성이 추하고 더럽고 무서운 종교적 측면을 제거하거나 은폐하기 때문이다. 반 데르 레이브에 따르면 누구도 성스러운 것에 대한 조롱을 옹호할 수는 없지만, 누구나 위선적인 성스러움을 조롱할 수는 있다. 그러나 현재 우리에게는 아무 일 없다는 듯이 성스러움을 향해 웃음을 던질 정도의 종교적인 여유가 없다. 근대 세계에서 종교 안에 남은 성스러움은 그 많던 성스러움 가운데 극히 일부분, 즉 한 줌의 성스러움밖에 되지 않는다. 그리고 그 많던 다른 성스러움은 이제 '종교 밖의 종교'가 되어 세속 세계를 물들이고 있다.

| 성과 속의 역전: 흑백의 성스러움과 컬러의 성스러움 |

존 러스킨은 『근대의 화가들』이라는 책에서 색깔이야말로 모든 가시적인 것들 가운데서도 가장 성스러운 요소라고 말한다. 그리고 괴테는 『색채론』에서 문명화되지 않은 야만인, 교육받지 못한 사람, 어린아이, 여자는 매우 밝은 색깔을 선호하는 반면에, 북유럽에 사는 고상한 사람들은 강렬한 색깔에 대한 혐오감을 가지고 있다고 쓰고 있다. 세련된 교양인일수록 남자들은 검정색의 옷을, 여자들은 흰색의 옷을 착용했으며, 교양인의 주변에 놓인 사물도 동일한 탈색 현상을 겪었다는 것이다. 괴테는 야만적이고 주변적인 존재일수록 노란색과 빨간색이나 알록달록하고 잡다한 원색을 좋아한다고 말한다. 19세기 초반의 이야기지만 이 말은 현재의 우리에게도 그대로 적용된다. 예절, 품격, 종교의 영역에서 현재 우리는 옷뿐만 아니라 주변 사물에서도 선명한 색깔을 추방하는 경향이 있다. 이러한 탈색 현상의 원인을 어디에서 찾을 수 있을까? 적어도 종교와 예법을 강조할수록 이러한 경향은 더욱 두드러진다. 우리가 처하는 많은 상황 속에서 원색이나 천연색은 예의에 어긋나는 색깔이다. 컬러는 여자, 어린아이, 놀이, 유흥의 색깔로 인식된다. 자연에 가까운 사람일수록 컬러에 친숙했다고 말할 수도 있다.

과거에 컬러는 전쟁의 색깔이기도 했다. 그러나 현대의 전투복이 위장복으로 바뀌면서 전쟁의 색깔은 점차 흑백으로 변해 버렸다. 그러나 여전히 훈장의 색깔은 찬란한 컬러이다. 컬러는 다름과 차이의 표지이다. 기억의 경우에도 동일한 말을 할 수 있다. 인상적인 사건이나 모험의 기억은 천연색을 띠지만, 가족, 집, 일터에 관한 평범한 기억은 그저 흑백으로 가라앉는다. 물론 흑백 사진이 사라지면서 이제 일상적인 기억 역시 컬러가 되어 버렸다. 현대 스포츠의 색깔이 컬러라는 것을 기억해 보자. 우리에게 스포츠와 같은 세속적인 의례의 색깔은 여전히 컬러이다. 그러나 모두 그런 것은 아니다. 현재 우리의 장례식 풍경을 살펴보자. 과거에 죽은 자를 운구하던 꽃상여가 검정색 리무진으로 대체되어 버렸다는 것이 그 단적인 사실이다. 지금 우리에게 죽음은 흑백의 공간이며 흑백의 시간이다. 더 이상 우리는 죽음을 컬러로 그리지 못한다. 이것은 마치 무성이자 흑백이었던 초창기 영화가 그림자의 세계를, 즉 소리도 없고 색깔도 없는 죽음과 타자의 세계를 묘사하는 것으로 인식되었던 것과 비슷하다. 흑백이라는 이유만으로 이때 모든 영화는 그 내용과 상관없이 '다른 세계'를 묘사하는 공포 영화였을 것이다. 우리가 읽는 책은 백색의 종이 위에 흑색의 글씨가 각인된 형태로 되어 있다. 그러므로 우리에게 책은 흑백의 세계를 표상한다. 흑백의 책은 그렇게 우리를 현실로부터 단절시킨다.

무엇보다도 중요한 것은 우리의 종교적인 공간이 이제 탈색된 흑백으로 뒤덮여 있다는 것이다. 종교가 흑백 영화가 되어 버렸다고 말할 수도 있다. 과거에 축제의 색깔은 컬러였으며, 제사상에 오르는 음식들도 컬러였고, 당제가 치러지는 공간에는 붉은 황토가 깔렸다. 왕이 사는 궁궐도 불상이 거주하는 사찰도 천연색 안료로 장식되었다. 다시 말해서 컬러는 성스러움의 색깔이었고, 흑백은 세속적인 색깔이었다. 과거에 색깔은 성스러운 영역을 여타의 다른 영역으로부터 분리하는 장치였다. 컬러는 세속적인 공간에서는 사용이 억제된 자연의 색이며 원시의 색이었다. 컬러는 빛의 색깔이었고, 신의 색깔이었고, 정신 세계를 묘사하는 색깔이었다. 그러나 현대에 와서는 상황이 정반대로 바뀌어 버렸다. 지금 우리에게 종교적인 공간은 흑백이고, 오히려 일상의 공간이 컬러로 뒤덮여 있기 때문이다.

종교를 '컬러의 종교'와 '흑백의 종교'로 나누어 보자. 실제로 우리가 원시적이라고 말하는 종교일수록 화려한 색깔을 사용하는 경향성은 두드러진다. 그러나 현재 우리 주변에 살아남아 있는 근대 종교의 색깔은 대부분 흑백이며, 컬러를 사용하는 경우에도 그저 단색 일색이다. 텔레비전은 흑백에서 컬러로 바뀌었지만, 대신에 종교의 영역에서는 '흑백의 종교'가 '컬러의 종교'를 몰아냈다고 말할 수 있다. 그렇다면 종교의 탈색 현상을 유발한 원인은 무엇인가? 그 많던 '컬러의 종교'는 모두 어디로 사라져 버렸을까? 다시 말해서 성스러움의 색깔이 왜 컬러에서 흑백으로 바뀌어 버렸을까?

우리는 산업 사회에서 생산되는 상품들이 색깔에 대한 우리의 환상을 얼마나 교묘하게 이용하는지를 잘 안다. 가상 공간의 시장인 인터넷 쇼핑몰의 호화스러운 색깔을 떠올려 보자. 현재 도시에 사는 우리는 자연을 모방해 만들어진 인공 자연 속에서 살아간다. 인공 자연은 상품, 자동차, 지하철, 아파트, 전화기, 전깃불 같은 온갖 인공물로 치장된 새로운 세계이다. 그리고 이러한 인공 자연은 19세기 중반에 등장한 유기 화학의 산물이다. 현대의 상품 세계 속에서 색깔은 상품에 살아 있는 생명을 준다. 이처럼 우리는 근대 사회의 특징을 '색깔의 세속화'에서 찾을 수 있다. 우리에게 컬러는 성스러운 색깔이 아니라 어디서나 볼 수 있는 세속적인 색깔이다. 이러한 세계 속에서 성스러움은 유채색에서 무채색으로 넘어가고, 종교는 탈색을 통해 흑백의 종교로 전락한다. 성스러움의 모호성은 바로 여기에서 생겨난다. 종교 안에 저장된 컬러의 성스러움이 탈색되면서, 그렇게 빠져나온 컬러가 세속의 사물들에 착색되어 버린 것이다. 우리는 이것을 '성(聖)'에서 속(俗)으로의 성스러움의 전이'라고 부를 수 있다. '성과 속의 역전'에 의해서 세속적인 영역이 성스러운 영역보다 더 성스럽게 된 것이다.

컬러의 시대를 사는 우리는 흑백 사진과 마주쳤을 때 묘한 이질성을 느끼게 된다. 이제 우리에게 흑백은 벌써 낯선 세계가 되어 버렸다. 무르나우 감독의 무성 흑백 영화인 『노스페라투: 공포의 교향곡』을 한 시간 동안 볼 수 있는 인내력을 지닌 사람 역시 점점 줄어들고 있다. 물론 근대 세계에서 새롭게 탄생한 '흑백의 타자성'은 인공 태양이 비추는 근대의 밤과 무관하지 않다. 근대인은 빛 속에 사는 광학적인 인간이며, 이로 인해서 빛의 제국이 확장될수록 역으로 빛과 어둠의 경계선은 강해지고 있다. 근대인은 어둠에 익숙하지 않은 인간이다. 그러므로 근대 사회에서 종교는 낮의 세계가 아니라 밤의 세계에서 그 존재의 힘을 과시한다. 현재 우리가 목도하고 있는 것은 종교가 낮과 빛의 세계에서 추방되어 밤의 세계로 이전되는 과정이기도 하다.

이러한 예들을 통해서 우리가 말하고자 하는 것은 바로 '컬러의 힘'이다. 중요한 것은 컬러의 성스러움이 흑백의 성스러움으로 대체되어 버렸다는 사실이 아니다. 오히려 우리가 주목해야 하는 것은 성스러움에 대한 우리의 감각이 변해 버렸다는 것이다. 즉 과거에는 성스러웠던 사물 안에서 더 이상 성스러움을 지각하지 못하는 것은, 그 사물이 세속화되어 버렸다는 것만을 의미하는 것이 아니라, 역으로 인간의 '종교적 감각'이 변해 버렸다는 것을 가리킨다. 20세기 인간학의 가장 큰 취약점은 역사를 이야기하면서도 인간을 불변의 상수로 설정한 채 마치 인간을 둘러싼·주변 사물만이 변화를 했다는 식으로 역사를 서술했다는 점이다. 종교의 역사를 이야기하면서 동시에 인간의 역사를 이야기해야 하는데 그렇게 하지를 못했다는 것, 즉 마치 종교만이 변했을 뿐 과거의 인간이나 현재의 인간이나 별반 차이가 없다는 식의 이해를 전개했다는 점이다. 그러나 우리는 역사와 문화의 변화가 초래하는 인간의 미세한 변화에 주목해야 한다. 우리의 몸과 감각은 얼마나 역사적인가!

그러므로 현재 우리가 직면하고 있는 '성스러움의 혼란'의 원인은 일차적으로 우리의 '종교적 감각'의 변화에서 찾아져야 한다. 컬러에서 성스러움을 감각하지 못하는 것은 시력이나 시각의 문제가 아니다. 현대 사회의 가장 큰 특징 가운데 하나는 상품의 등장이다. 상품 세계는 사물을 인격화하고 사물에 생명을 불어넣는다. 역으로 현대 사회의 인간은 마치 사물처럼 취급되고 계산되어 무생물처럼 존재한다. 마르크스는『자본론』에서 이러한 현상을 페티시즘(fetishism, 물신주의)이라는 개념으로 설명한다. 마르크스에 따르면 종교의 세계에서는 인간 두뇌의 생산물이 생명이 부여된 독립적인 존재들로서 나타나며, 이러한 존재들이 서로 관계를 맺을 뿐만 아니라 인간과도 일정한 관계를 맺게 된다. 이것이 바로 마르크스가 말하는 종교이다. 그런데 인간의 손으로 만든 생산물로 이루어진 상품들에서도 이와 동일한 현상이 벌어진다. 상품이 생명이 부여된 독립적인 존재로서 인간의 삶을 지배하기 시작한 것이다. 마르크스는 이처럼 상품들이 신적 존재들로서 군림하는 현상을 페티시즘이라는 용어로 설명한다.

페티시(fetish)란 말은 원래 서아프리카 원주민들이 초자연적인 힘을 갖는다고 믿어 숭배하던 인공물을 가리키던 표현으로서, '주술적 실천'이나 '마법'을 가리키던 포르투갈 어인 페이티수(feitiço)에서 파생된 말이다. 이러한 용어에 기대어 우리는 인간이 제작한 인공물이 인간을 정신적으로 지배하는 신적 존재가 되는 것을 페티시즘 현상이라고 부른다. 여기에서 우리는 상품의 세계가 얼마나 많이 종교적 세계를 대체할 수 있는지를 알게 된다. 지속적으로 신상품을 공급해 타자에 대한 욕망을 해소하게 해 주는 상품 세계야말로 현대인의 새로운 종교적 세계라고 말할 수도 있다. 현대의 물질 세계는 지속적으로 타자를 산출하여 인간의 타자 지향성의 욕망을 해소시켜 준다. 다만 이러한 페티시즘의 세계에서 중요한 것은 믿음이 아니라 자본이라는 차이점이 존재한다. 상품 세계는 이전에 종교적 세계를 수식하던 휘황찬란한 색깔들로 포장되어 있다. 컬러 없는 상품 세계는 얼마 황량할 것인가. 적어도 종교 세계에서 탈색된 컬러가 이제는 상품의 피부가 되어 버렸다고 말할 수도 있다. 이미 세속이 철저하게 종교를 대체하고 있는 것이다. 이제 구원은 세속사회 곳곳에서 상품으로 물화되어 존재한다. 그리고 우리는 그렇게 '물화된 성스러움'을 소비하면서 동시에 종교적 욕망까지도 해소하게 된다.

| 인공 종교와 인공 낙원: 담배와 마약 |

1492년 10월 28일에 크리스토퍼 콜럼버스의 동료였던 로드리고 데 헤레스와 루이스 데 토레스는 쿠바의 원주민이 담뱃잎을 말아 피우는 것을 목격한다. 그리고 6년 후인 1498년에 로드리고 데 헤레스는 담뱃잎이 든 상자를 스페인으로 가져와서 바르셀로나 거리에서 담배를 피우기 시작한다. 이 두 명의 스페인 사람이 바로 담배의 맛을 알게 된 최초의 유럽 인이었다. 그런데 원래 쿠바 원주민에게 담배는 의례적인 가치를 지닌 종교적인 사물이었지만, 담배를 유럽에 전한 이 두 사람은 담배의 종교 의례적 가치를 전혀 몰랐다. 그리하여 유럽에 들어오는 순간 담배는 마약 같은 중독 물질로 인식되게 되었다. 오늘날 담배의 종교적 기원을 알고 있는 사람은 거의 없을 것이다. 게다가 요즘처럼 금연 운동이 활발히 벌어지고 있는 상황에서 담배의 종교적 가치를 주장한다는 것은 다소 터무니없는 일이 될지도 모른다.

그러나 종교학자 미르치아 엘리아데는 현대인의 종교란 대체로 이렇게 담배처럼 존재한다고 말한다. 담배를 피우는 사람이 담배의 종교적 기원을 모르고 있는 것처럼, 현대인은 종교적 행위를 하면서도 그 행위가 종교적 행위라는 것을 모르고 있다는 것이다. 엘리아데는 현대 문화의 이러한 현상을 가리켜서 '성스러움의 위장술'이라고 부른다. 겉보기에는 세속적인 행동일 뿐인 많은 행동이 종교적인 기원을 지니고 있을지라도 사람들이 그것을 알지 못한다는 것이다. 그래서 엘리아데는 현대 종교의 가장 중요한 특징은 종교 안에서가 아니라 바로 종교 밖에서 찾아야 한다고 말한다. 즉 우리가 흔히 종교라고 부르는 것이 '종교 안의 종교'라면, 현대의 성스러움은 바로 우리가 종교와는 무관하다고 생각하는 '종교 밖의 종교'에서 찾아야 한다는 것이다. 그리고 이러한 현상은 과거에는 종교 안에 들어 있던 많은 성스러움이 종교 밖으로 유출되어 세속화되었던 역사적 과정으로 인해 발생한 것이다. 그러므로 이러한 역사적 과정을 이해할 때 비로소 우리는 왜 현대 사회에서 성스러움이 종교 밖에 존재하게 되었는지, 왜 세속적인 영역이 종교보다 더 종교적인 영역이 되어 버렸는지를 이해할 수 있다는 것이다.

성스러움에 접근하기 위한 종교적 도구가 세속화된 다른 예를 들어 보자. 『해시시에 대하여』라는 유고집을 남긴 발터 벤야민은 1927년과 1934년 사이에 베를린, 마르세유, 스페인의 이비자 섬에서 마약 실험에 참가했다. 그는 해시시를 먹었고, 아편을 피웠으며, 메스칼린과 아편제의 주사약을 맞았으며, 혼자서 해시시를 복용하기도 했다. 특히 그는 마약 사용을 통해 얻어지는 지식을 위해서 스스로도 독약으로 간주했던 이러한 마약들을 복용했다. 그는 스스로 '세속적인 깨달음'이라고 불렀던 것에 입문하기 위해서, 그리고 마약에 의한 경험을 통해 경험의 개념 자체를 확장하기 위해서 마약을 이용했다. 마약을 통해서 벤야민이 의도했던 것은 감각의 혼란이 아니라 이성의 변형이었다. 마약이 낳는 새로운 경험에 의해서 이제껏 철학에서 주장하던 그런 이성이 아니라 '새로운 이성'

의 존재를 확인하고자 했던 것이다. 그는 마약을 통해서 이성적인 사유에 '꿈의 에너지'를 주입하고자 했다. 발터 벤야민에 따르면 중독 상태에서는 추론의 실이 느슨해지고, 개별성이 사라지고, 감각적인 사유가 가능해질 뿐만 아니라, 시간과 공간의 압축이 가능해진다.

이미 1919년에 발터 벤야민은 해시시에 대한 책인 보들레르의 『인공 낙원』을 읽고 나서 해시시 실험의 필요성을 느끼게 된다 1927년에 행한 첫 번째 해시시 실험에 대한 기록에서, 벤야민은 이제 에드거 앨런 포를 훨씬 더 잘 이해한다는 느낌을 가지게 되었다고 주장한다. 비록 대마초 추출물이 수세기 동안 유럽에서 민간 치료법의 일부였을지라도, 유럽에서 해시시는 19세기에 비로소 유행하기 시작했다. 왜냐하면 1798년과 1801년 사이의 이집트 출정에서 귀환했을 때 나폴레옹의 군대가 해시시를 유럽에 들여왔기 때문이다. 그리하여 1845년에는 정기적으로 해시시를 먹는 해시시 클럽이 만들어지기까지 했다. 해시시 클럽은 생 루이 섬에 있는 오래된 호텔에서 열린 모임으로, 여기에는 보들레르, 발자크, 고티에, 들라크르와, 도미에 등을 포함한 많은 핵심적인 파리의 작가들과 예술가들이 참여했다. 그들은 현악 사중주단의 연주를 들으면서 해시시 반죽을 떠먹었다.

그러나 벤야민이 글을 쓰던 시기에는 마약을 둘러싼 상황이 급속하게 변하고 있었다. 제1차 세계 대전 무렵에 마약 사용을 규제하는 최초의 국가적이며 국제적인 조약들이 비준되었으며, 19세기를 지배했던 다소 자유로운 마약 유통이 이제는 점차 복잡한 규제 체계에 의해 제한되었던 것이다. 마리화나와 대마초의 국제 거래는 1925년 국제 아편 협약으로 규제되었다. 미국에서는 1937년에 이러한 약물들을 포함한 식물 약물에 관한 연방 규제 법안이 통과되었다. 그리고 1960년대 말까지 대부분의 나라들은 마리화나와 대마초의 사용과 거래를 강제적으로 규제했다. 처음에 이러한 규제들은 주로 아편 관련 물질, 즉 아편, 모르핀, 헤로인을 겨냥한 것이었다. 그러나 독일에서는 1929년 12월 10일에 통과된 마약법에 의해서 대마초의 사용이 규제되었다. 1931년 4월 18일의 해시시 실험을 언급하면서 벤야민은 미국의 제약 회사인 머크 앤드 컴퍼니 (Merck and Company)가 마약을 이용해 약품을 만드는 것 같다는 언급을 한다. 그리고 벤야민에 따르면 당시 독일 제약 회사도 마약의 일종인 메스칼린을 생산하고 있었다.

바로 여기에서 우리가 눈여겨볼 한 가지 기묘한 역설이 벌어진다. 그것은 일상적인 삶의 공간에서는 마약을 금지했지만, 이렇게 금지된 마약이 제약 회사의 손으로 넘어가면서 의학의 독점물이 되었다는 사실이다. 동시에 우리는 종교적 영역에서 마약에 의한 환각 경험이 점차 부정되는 과정을 보게 되며, 오로지 마약이 의약품으로만 사용되도록 규제되는 과정을 보게 된다. 이것은 종교 경험에서 가장 중요한 부분을 차지하던 비이성적이고 환각적이고 상상적인 경험을 배제하는 종교의 자기 부정의 역사이기도 하다. 특히 20세기에 들어서면서 종교를 합리적인 의식의 영역 안에 자리 잡게 하려는 노력이 지속된다. 종교의 역사를 통해서 우리는 인간이 가용한 모든 수단을 동원해 신에게 접근하는 통로를 열어냈다는 사실을 알고 있다. 설령 그 수단이 마약이라고 할지라도 말이다. 물론 현대 사회에서 마약을 통한 신과의 만남을 주장하는 종교가 있다면, 이 종교는 곧장 사이비 종교로 낙인 찍혀 사회에서 추방될 가능성이 높다.

그러나 여기에서 우리는 한 가지 의문을 갖게 된다. 현대의 대부분의 종교에서처럼 기도와 명상을 통한 신의 경험만을 인정할 것인가, 그리고 마약을 통한 신의 경험은 모두 거짓 경험이기에 부정해야만 하는 것인가의 논쟁이 벌어질 수 있다. 종교 경험의 진정성이나 진위를 검증할 만한 척도는 존재하지 않는다. 설령 마약을 통한 신의 경험이 환각일 뿐이라고 하더라도, 인간은 마약을 통해서라도 인위적으로 성스러움을 경험하고자 하는 것은 아닐까? 아마도 마약을 통해 경험되는 인공 낙원은 초월적인 신의 세계를 모방하여 만들어진 '종교의 대체물'일 것이다. 우리는 마약을 통해 경험되는 신과 기도를 통해 경험되는 신이 전혀 다른 종류의 신이라는 가정을 세워 볼 수도 있다. 그렇다면 마약 금지를 통해 우리는 인류의 역사 속에서 중요한 기능을 했던 또 하나의 신을 잃어버린 것은 아닐까? 그러므로 현재 우리가 경험하는 성스러움의 불확실성의 일부는, 다양한 복수의 성스러움이 경합하면서 '강자의 성스러움'이 '약자의 성스러움'을 부정하는 과정에서 생겨난 것이라고 말할 수 있다. 다시 말해서 근대화와 세계화 과정 속에서 성스러움의 다양성이 파괴되어, 성스러움의 획일성이 세계를 지배하게 된 것이다. 이러한 맥락에서 우리는 '문화적 성스러움'의 상대성을 이야기해야 한다. 시대마다 문화마다 성스러움에 접근하는 통로나 매체가 달랐을 뿐만 아니라, 그렇게 경험된 성스러움의 내용 역시 편차를 보였기 때문이다.

다시 마약 이야기를 조금 더 해 보자. 메스칼린은 주로 멕시코에서 자생하는 선인장인 페요테에서 추출되는데, 멕시코 지역의 인디언들은 시각적이며 청각적인 풍부한 환각을 유발하기 위해서 페요테를 의례적으로 이용했으며, 또한 페요테를 의약품으로 이용하기도 했다. 선교사와 정부에 의해서 퇴폐적이고 위험한 약물이라는 이유로 박해받았던 페요테의 사용은 1885년 이후에 미국과 캐나다로 퍼지면서 '페요테 종교(peyote religion)'라고 불리는 독특한 형태의 인디언 종교 운동으로 성장했다. 페요테 종교의 신자들은 페요테가 중독성을 갖지 않을 뿐만 아니라, 오히려 도덕성과 윤리적 행동을 고양시킨다고 주장한다. 그리고 페요테 종교는 1918년에 결성된 멕시코, 캐나다, 미국의 인디언들의 국제적인 연합체인 토착 아메리카 인 교회(Native American Church)에 의해 옹호되었다. 토착 아메리카 인 교회는 1888년 이후에 시행된 페요테 금지에 저항해 투옥을 겪으면서 지속적으로 법정 투쟁을 전개했다. 토착 아메리카 인 교회는 인디언적 요소와 기독교적 요소가 결합하여 생긴 혼합 종교의 성격을 띠고 있다. 그리고 페요테 종교가 내건 기치는 헌법 상의 종교의 자유였다. 바로 이 지점에서 우리는 '마약과 종교'라는 해결하기 힘든 문제와 만나게 된다.

우리는 세계적으로 종교 의식에서 다양한 마약이 사용되었다는 것을 알고 있다. 기원전 5세기에서 2세기경에 고대 스키타이 인은 대마초를 의례적으로 사용했던 것으로 보인다. 디오니소스 의례에서는 포도주가 사용되었다. 엘레우시스 신비 의식에서도 환각 물질이 사용된 것으로 보이며, 6000년 이상 전에 시베리아에서도 광대버섯이 의례적으로 사용되었다. 기원전 3000년 이전에 지중해 동부 섬들, 그리스, 수메르에서도 아편이 의례적으로 사용되었던 것으로 보인다. 이슬람 세계에서도 알코올은 금지했지만, 대마초는 일반적으로 사용되었으며, '아사신(Assassin)'이라고 불리는 이슬람 종파가 해시시를 사용했다고 알려진다. 그리고 16세기 아스텍 족도 향정신성 버섯을 이용했고, 이러한 행위는 스페인의 탄압을 받았다. 멕시코 인디언은 20세기 중반에도 여전히 이러한 '버섯 종교'를 가지고 있었다. 그래서 고든 왓슨은 종교가 환각 물질의 경험에서 기원한다고 말했던 것이다.

인도, 아프리카 등지에서 가장 일반적으로 종교 의식을 위해서 사용되는 약물은 마리화나, 즉 대마초이다. 그리고 광대버섯처럼 환각 유발 작용을 하는 버섯류도 성스러움에 접근하는 통로로서 이용되었다. 광대버섯이 힌두교에서 의례적으로 사용하던 소마(soma)와 조로아스터교에서 사용하던 하오마(haoma)와 같은 성스러운 음료의 자연적 원료였을 것이라는 추측이 제기되기도 한다. 또한 16세기 스페인 선교사들은 멕시코에서 나팔꽃 씨앗이 LSD와 유사한 기능을 갖는 환각제로 사용되고 있다는 것을 기록하고 있다. 콜럼버스도 서인도 제도에서 코담배가 의례적으로 사용되는 것을 목격했다고 기록한다. 이러한 코담배 역시 일종의 마약이었다. 아마존 강 유역의 다른 마약으로는 야헤(yage)가 있다. 특히 이 마약은 미국의 작가인 윌리엄 버로스가 아마존 유역에서 전설적인 마약인 야헤를 마치 성배처럼 찾아 나서면서 유명해졌다. 이때 주고받았던 윌리엄 버로스와 앨런 긴즈버그의 편지는 1963년에 『야헤 서신』이라는 제목으로 출간되었다. 폴리네시아에서는 최면과 마취를 유발하는 마약인 카바(kava)가 후춧과 식물에서 추출되어 의례적으로 사용되었다. 중앙아프리카에서는 관목 뿌리로 만든 흥분제이자 환각제인 이보가(iboga)가 의례에서 사용되었다. 코카인의 원료인 코카(coca)는 페루에서, 남북아메리카에서는 다투라(datura)가, 그리고 브라질 동부에서는 미모사(Momosa)로부터 추출한 음료가 사용되었다. 그렇다면 이러한 '마약 종교'가 유발하는 신의 경험, 정화의 느낌, 개별성의 와해, 초월적인 감각, 힘의 확장, 죽음과 재생의 경험을 어떻게 설명할 수 있을까? 실제로 전통 사회의 많은 성인식에서는 약물을 이용하여 소년들에게 죽음과 재생의 경험을 선사했다. 그들은 마치 기독교 성찬식에서처럼 약물을 먹고 마셨던 것이다. 실제로 마약에 개방적인 사회에서는 마약 중독이나 마약 남용이 거의 없었다 한다. 그래서 우리는 현대 세계에서의 강력한 마약 금지의 기원에 모종의 종교적인 동기가 놓여 있었던 것은 아닌지 하는 의심을 하게 된다. 근대의 역사 속에서 마약 종교는 소멸했지만, 세속 사회에서의 마약 남용은 급증했다. 윌리엄 버로스는 자신의 마약 경험을 통해서 건강에 좋은 마약과 건강에 해로운 마약을 구분한다. 그는 현재 우리의 문제는 건강에 해로운 마약의 남용에 있다고 말한다. 그러나 현대 사회에서 마약에 중독된 인간은 종교가 제시하는 초월적인 낙원이 아니라, 마약이 선물하는 즉흥적인 인공 낙원을 더 갈망한다. 우리가 마약의 종교적 기원에 주목하면서, 종교의 대체물로서의 마약을 이야기한 것도 이 때문이다. 마약 사용은 세속에 존재하는 일종의 '인공 종교'의 형태를 띠고 있는 것처럼 보인다.

│ 종교의 끝, 혹은 종교를 떠난 종교 │

엘리아데는 차를 마시는 의식인 다도(茶道)가 어떻게 구원적인 행위가 될 수 있는지에 대해서 이야기한다. 현대인에게 차를 마시는 행위는 노동의 휴식과 건강을 의미한다. 차를 마시는 것이 본래는 영양 섭취의 행위에 불과했을 수도 있지만, 인간의 종교적 심성은 다도를 통해 물과 풀조차도 종교적 도구로 이용한다. 그래서 다도는 그림, 시, 서예, 궁술처럼 세속적인 차원을 넘어서면서 '정지된 시간'을 확보하기 위한 '정신의 기술'이 된다. 우리는 이것을 '시간을 지우는 기술'이라고 부를 수도 있다. 차 한 잔으로 시간을 지우고 그 자리에 영원을 들어앉히는 것이다. 물론 현대인은 차를 마시면서 의식적으로 시간을 지우지 않는다. 많은 경우에 차는 건강을 위한 음료 정도로 생각된다. 그런데 다도는 차를 마시는 방법과 절차를 이야기한다. 하지만 세속화된 현대인에게는 그러한 방법과 절차는 번잡한 고역일 뿐이다. 그러나 다도의 종교적 기원은 우리에게 종교가 차 마시기조차도 종교적 수단으로 이용했다는 사실을 알려준다.

마찬가지로 엘리아데는 독서를 통해 우리가 어떻게 세속적인 시간과는 다른 시간을 경험하게 되는지를 이야기한다. 문자는 원래 기록을 위해 만들어진 것이지만, 인간은 문자를 이용해 소설 같은 새로운 상상의 세계를 창조한다. 이것을 우리는 '문자의 종교적 이용'이라고 부를 수 있다. 이것이 예술이라고 불릴지라도, 인간은 모든 물질을 성스러움에 접근하기 위한 종교적 수단으로 이용하는 능력을 가지고 있다. 물론 현대인이 이러한 '문자의 종교성'에 대해서 더 이상 직접적으로 의식하지는 않으며, 소설 읽기를 종교적 행위라고 인식하지도 않는다. 그러나 과거에 문자가 종교에 의해 거의 배타적으로 독점되었다는 것, 그리고 문자의 집성물인 책 역시 종교에 의해 독점적으로 이용되었다는 것을 기억해야 한다. 아마도 이것은 존재하지 않는 세계를 창조하는 문자의 힘에 대한 인식 때문이었을 것이다.

실제로 기독교 성서를 마르틴 루터가 독일어로 번역하기 시작하면서 비로소 성서가 일반 대중이 읽을 수 있는 책이 되었다는 사실은 기독교의 역사에서 매우 중요한 전환점이 된다. 굳이 교회에 가지 않더라도, 사제의 설교를 듣지 않더라도, 힘든 종교적 행위를 통해 종교를 신체적으로 학습하지 않더라도, 성서 읽기를 통해 직접적으로 편리하게 '신의 말씀'을 들을 수 있게 되었기 때문이다. 물론 성서의 번역과 배포는 인쇄술의 발달에 큰 도움을 받았다. 인쇄술 덕분에 신의 말씀을 책의 형태로 압축해 저장하고 틈틈이 읽고 암기할 수 있게 되고, 이때부터 본격적으로 평신도와 사제의 경계선이 모호해지게 되었기 때문이다. 이전에는 교회라는 성스러운 공간 안에 저장되어 있던 성스러움이 이제는 성서라는 책 속에 문자의 형태로 기록되게 된 것이다. 유럽에서 언어가 종교의 중심이 된 것도 이때부터라고 할 수 있다. 그리고 이후에 기독교뿐만 아니라 모든 종교가 경전의 표준화 작업을 벌인 것도 이때부터였다. 이제 '경전 없는 종교'는 우리에게 얼마나 낯선 것인가. 종교 개혁 이전에 라틴 어를 모르는 평신도는 전례를 통해 성서의 내용을 전해들을 수밖에 없었다. 그러므로 종교 개혁은 '듣는 종교'에서 '읽는 종교'로의 변화이기도 했다.

또한 종교 개혁을 통해서 기독교는 '종교의 개인화'를 완수한다. 여기에서 가장 큰 공헌을 한 것은 물론 자국어 성서 번역과 인쇄술을 통한 성서 소유와 성서 읽기였다. 홀로 하는 독서가 개인적인 구원을 가져온 것이다. 종말을 통한 집단적 구원의 비전에서 출발했던 기독교는 예수의 재림 지연과 도래하지 않는 천년 왕국으로 인해 위기를 맞게 된다. 그러나 기독교는 중세 말에 '개인주의적 종교'로 변형되면서, 구원을 개인화하고, 종교 생활을 철저하게 '정신화'

함으로써 위기를 넘어서게 된다. 이때부터 본격적으로 기독교는 집단보다는 개인을, 종말보다는 죽음을, 물질보다는 정신을 우위에 놓는 종교 형태로 정착된다. 종교 개혁을 통해 기독교가 철저한 개인주의에 입각해 성장했다는 것은 잘 알려져 있는 사실이다. 그러나 오늘날 우리는 점점 '개인의 붕괴'를 목격하고 있다. 영혼의 독특성과 삶의 개별성으로 특징지어지는 예측 불가능한 개인은 점차 사라져 가고 있으며, 이제는 사회가 만들어 놓은 틀에 부합하는 '예정된 개인'만이 존재하고 있다. 그러므로 오늘날 종교가 위기를 맞고 있다면, 그것은 개인주의의 위기에서 기인한 것일 가능성이 크다. 죽음의 역사를 연구했던 필립 아리에스는 현대 사회에서 발생하는 '개인의 위기'가 현대의 '죽음의 위기'와 모종의 연관 관계가 있을 것이라는 생각을 제시한 바 있다. 그러므로 개인주의에 입각한 종교 형식이 이제 그 수명을 다한 것은 아닌가 하는 전망 역시 해 볼 수가 있는 것이다.

다시 독서 이야기로 돌아가 보자. 종교 개혁을 통해 성서가 출간되어 판매되면서, 그전에는 열려 있던 기독교 경전 체계는 폐쇄적인 형태를 취하게 된다. 이때부터 성서의 수정 가능성과 변경 가능성이 사라진 것이다. 그리고 이때부터 성서의 각 부분은 균등한 의미를 가지게 되고, 성서 읽기가 구원을 위해 필요한 행위가 되었다. 어떤 학자는 불교의 경전은 도서관을 구성할 만큼 방대하지만 기독교의 성서는 단 한 권으로 되어 있다는 점을 두 종교의 차이점으로 지적하기도 한다. 그러나 중세 시대에는 기독교의 성서 역시 복수의 경전들로 구성된 도서관 형태를 취하고 있었다. 예컨대 카시오도루스(Cassiodorus)에 따르면 히에로니무스가 5세기에 그리스 어와 헤브라이 어 등으로부터 번역한 라틴 어 성서인 불가타역 성서(Vulgate Bible)는 일반적으로 9권으로 되어 있었으며, 13세기 초까지 한 권으로 된 불가타역 성서는 상대적으로 드물었다. 또한 한 권으로 된 불가타역 성서라 할지라도 그 구성 내용이 매우 달랐다. 심지어 중세 시대의 네덜란드 필사본 성서에서는 구약 성서 앞에 알렉산드로스 대왕의 전기가 나온다. 또한 19세기에 출간된 개신교 성서에서 성서 외전과 주해가 사라진 것은 교회 당국의 결정이 아니라 출판업자의 상업적 계산에서 나온 것이었다.

그리고 4세기에 서방 교회 측에서 두루마리 형태가 아니라 오늘날의 책 형태로 된 성서를 채택하면서, 경전이 현재처럼 책으로 만들어지는 작업이 시작되었다고 할 수 있다. 그러나 단권으로 된 성서 출판에서 중요한 것은 신학이 아니라 테크놀로지였으며, 인쇄술을 통한 경전의 표준화 작업에 따라 비로소 '독서의 종교'가 만들어지기 시작했다. 일단 이렇게 경전이 단권으로 만들어져 닫히게 되면서, 기독교에서는 성서의 내용이 아니라 성서라는 책 자체의 절대화 현상이 벌어졌다. 출판업자나 성서 편집자가 적어 넣은 모든 글자까지도 '신의 말씀'으로 여기는 역설적인 현상이 생겨난 것이다. 성서라는 물질적인 책 자체가 성스러운 대상이 되어 버린 것이다. 이러한 맥락에서 종교학자 조너선 스미스는 기독교인의 독서 방식에 대한 연구의 필요성을 강조한다. 우리는 종교가 독서가 되면서, 역으로 독서가 종교가 되면서 벌어지는 일련의 현상들을 짐작해 볼 수 있다. 이때부터 본격적으로 책으로 만들어져서 읽힐 수 없는 종교적인 것들이 배제되어 종교 밖으로 추방되었기 때문이다. 또한 우리는 독서가 만들어 내는 독특한 종교성에 시선을 돌릴 필요가 있다. 가만히 앉아서 책을 읽는 종교와 춤추는 종교가 어떻게 같을 수가 있겠는가. 이제 우리 주변의 종교는 더 이상 춤을 추지 않고 다만 책을 읽을 뿐이다. 그러나 근대 사회에서 기독교가 여전히 성공적으로 생존할 수 있었던 이유도 부분적으로는 독서에 있을 것이다. 근대적인 현상에 조응하는 독서라는 종교적 방식을 통해서 기독교가 다른 어떤 종교보다도 더 잘 현대 문화에 적응했기 때문이다.

독서는 종교를 정신화하는 데 있어서 매우 큰 공헌을 했다. 그리고 종교의 정신화는 영혼을 통해서 만날 수 있는 신만을 근대인에게 남겨놓았다. 근대 종교에서 대체로 신은 공적인 공간에 성상(聖像, icon)으로 존재할 수 있는 시각적인 신이 아니라, 사적인 마음의 공간에 존재하는 경험적인 신이다. 따라서 현대의 신은 '보이지 않는 신'이자 '성상 파괴적인 신'이라고 할 수 있다. 현대 종교는 가급적 신들을 이미지로 만드는 일을 회피하는 경향이 있다. 뭔가의 이미지를 만든다는 것은 그것을 단단히 움켜쥐고 소유하기 위한 것이다. 다시 말해서, 성상은 신을 붙들어서 이미지로 응고시키기 위한 장치이다. 이미지는 신을 길들이는 대표적인 방식이라고 할 수 있다. 신의 이미지가 인간화되면 될수록, 신을 표현하는 데 있어서

의인주의가 지배적일수록, 그 신은 보다 잘 '길들여진 신'이라고 할 수 있다. 그러나 근대의 '살아남은 종교'의 신들이 갖는 한 가지 특징이 있다. 그것은 근대 종교의 신들이 대부분 '길들여지지 않은 신'이라는 점이다. 이러한 신들은 이미지로 응고시키기에는 너무 큰 신이거나, 이미지 안에 담기에는 지나치게 잉여가 많은 신인 것이다.

'신전의 종교사'를 통해서도 우리는 신 관념의 변천을 논의할 수 있다. 왜냐하면 신들의 집으로서 신전이란 자연계에 존재하거나 자연계 너머에 존재하는 신들을 인간의 세계 속에 거주하게 하는 순치의 도구이기 때문이다. 아마도 신들은 본래 자연계에 여기저기 흩어져 살고 있다고 생각되었을 것이다. 그러나 역사적인 어느 순간, 특히 수렵·채집·유목에서 농경으로 인간의 삶의 형태가 변하면서, 이와 동시에 신들도 점차 인간의 세계 속에 들어와 정착하게 되었을 것이라고 가정해 볼 수 있다. 이때부터 인간은 신을 찾아 이리저리 배회하지 않아도 되었을 것이다. 그런데 신들이 인간의 세계 속에 거주하기 위해서는 인간처럼 집을, 즉 신전을 가져야만 했다. 물론 모든 신들이 신전 안에 수용되었던 것은 아니다. 신전에 수용될 만한 가치 내지는 적합성이 있는 신들만이 신전에 수용되었을 것이다. 그러므로 우리는 신전이 신들을 여과하는 장치로서 기능했을 것이라고 추측해 볼 수 있다. 신전 안으로 길들여지지 않은 많은 신들이 역사 밖으로 사라졌을 것이라는 사실도 능히 짐작할 수 있다. 신전 역시 신을 길들이는 종교적인 장치였던 셈이다.

그러나 서양에서는 특히 종교 개혁 이후로 신전이 사라지게 된다. 더 이상 신은 교회에 살지 않고 하늘 어딘가에 있는 공중누각에 살게 된다. 이런 의미에서 오늘날의 교회는 신전이라기보다는 기도의 집에 불과한 것이라고 할 수 있다. 인간이 만든 집에 살기에는 신이 너무 비대해져 버린 것이다. 물론 계속해서 인간의 집에도 많은 신들이 살고 있었다. 그러나 아파트의 발명으로 인해 비로소 인간은 신들을 영원히 인간의 집으로부터 추방할 수 있었을 것이다. 신이 거주하는 공간이 지도에서 사라져 버린 것이다. 이러한 현상은 특히 기독교의 신이 신비주의의 신으로 변형되면서 가속화되었다고 할 수 있다. 신비주의의 신은 집을 필요로 하지 않는다. 왜냐하면 마음속 가장 깊은 곳에서만 신과 인간이 만나기 때문이다. 이러한 이야기들은 근대 종교가 얼마나 신비주의에 물들어 있는지를 강조하기 위한 것이다. 사실 우리의 종교 개념 자체가 이미 지독하게 신비주의적이다. 절대 타자나 궁극적 존재로서의 신뿐만 아니라, 믿음을 통해 존재하는 신 역시 대부분 신비주의의 신이다. 이러한 신들은 비물질적인 신들이다. 정신에 존재하는 신, 믿음을 통해서만 현현하는 비가시적인 신, 눈으로는 볼 수 없는 신이다. 이렇게 근대 세계는 인간이 신이라는 절대 타자를 정신 안으로 흡수하는 과정을 가속화시켰다. 인간이 타자적인 모든 것을 빨아들이는 블랙홀이 되어 버린 것이다.

프랑스의 철학자인 마르셀 고세는 기독교를 두고 "종교를 떠나기 위한 종교"라고 말한다. 그에게 기독교는 '종교의 끝'을 고하는 종교가 된다. 고세에 따르면 기독교는 근대성의 구성 요소들을 배태한 종교일 뿐만 아니라, 종교가 종교를 떠나 세속으로 흡수될 수 있는 조건을 만들어 준 종교였다. 고세에 따르면 기독교는 종교의 죽음을 준비한 종교였으며, 실제로 '종교를 떠난 종교'가 되었다. 기독교적 초월성은 산산이 부서져서 국민 국가의 주권성, 법과 지식의 주관적 토대, 세속 안에 흡수된 종교로 변형되었다. 고세는 죽은 종교의 사체로부터 근대의 세속화된 세계가 만들어졌다고 주장한다. 그래서 그는 종교의 시대가 끝났다고 말하면서, 우리가 이제 종교적인 인간 이후의 인간에 대한 학문을 전개해야 한다고 주장한다. 그에 따르면 종교의 잔류물은 이제 우리의 사유 과정, 상상력, 자기의 문제에서만 나타난다. 우리의 사유는 부단히 현실 세계를 가시적인 것과 비가시적인 것이라는 이분법에 따라 분할한다. 고세에 따르면 이때의 비가시적인 것에 대한 주장은 바로 종교의 유물이다. 마찬가지로 우리의 상상력은 사물이 우리가 생각하는 것보다 훨씬 두껍다고 가정한다. 사물의 깊이 어딘가에 성스러움이 자리하고 있다고 생각한다는 것이다. 상상력이란 결국 감각되지 않은 사물의 깊이에 대한 것이다. 또한 근대 사회처럼 개별화가 심해질수록, 인간은 자기의 문제에 직면하게 된다. 인간은 자기를 보존하고 정당화하려 하기도 하고, 고통의 근원인 자기를 제거하고자 하기도 한다. 이것이 바로 근대인이 만나는 '자기의 역설'이다. 고세에 따르면, 이러한 문제로 인해서 인간은 '종교 없는 세계'에서 종교로 개종하게 된다. 그러나 물론 개종을 통해 들어간 종교 안에는 종교가 없을 것이다. 이처럼 종교의 종말은 사유, 상상력, 자기의 문제 같은 종교의 대체물을 남겼다. 바로 이러한 맥락에서 고세는 '종교의 끝'을 이야기한다.

고세에 따르면, 원래 세계 밖에 있는 것으로 간주되었던 종교적 타자는 점차 세계 속으로 내재화되었다. 이러한 그의 분석은 '성스러움의 위장술'을 주장했던 엘리아데의 이야기와도 정확히 일치한다. 근대 세계 속에서 성스러움은 완전히 세속의 사물 속으로, 인간의 영혼 속으로 스며들어 내재화되어 버렸다. 그래서 엘리아데 역시 근대인의 종교는 무의식에서 찾아져야 한다고 말했던 것이다. 발터 벤야민도 비슷한 분석을 한 적이 있다. 그에 따르면, 정신 분석학은 본능적 무의식을 발견했고, 카메라는 시각적 무의식을 발견했다. 즉 카메라는 시각의 의식적인 차원에서 사라진 무의식의 이미지를 발굴하는 고고학적 장치가 된다. 그러므로 영화는 사라지고 추방되고 제거된 이미지들을 카메라에 담아 스크린으로 복귀시키는 영원 회귀의 공간이다. 마찬가지로 근대 세계 속에서 성스러움은 '종교를 떠난 종교' 안에 존재한다. 그래서 우리는 종교 안에서보다는 종교 밖에서, 종교보다는 비종교에서 '성스러운 것들'을 더 쉽게 포착할 수 있는 것이다. 우리는 이제 일상 속에서 지속적으로 성스러움과 만나고 있다. 그러나 이때의 성스러움은 잘게 부스러진 성스러움이자, 왜곡되고 변형되어 알아보기조차 힘든 성스러움이다. 이제 성스러움은 이렇게 세속을 통해서만 자신의 영원 회귀를 달성한다. 그러나 이제 그렇게 회귀하는 성스러움을, 즉 뿌옇게 흐려져서 알아보기 힘든 성스러움을 두고 우리가 성스러움이 아니라고 한다는 차이점이 있을 뿐이다.

자살 프로그램으로서의 종교

1963년과 1965년 사이에 이집트 남부의 누비아 지역에서 매우 흥미로운 고고학적 발굴 작업이 벌어졌는데, 이때 발굴된 유적은 4세기와 6세기 사이에 그 지역에서 이루어진 독특한 기독교 금욕주의의 모습을 보여 준다. 유적은 각각 2×3미터의 크기를 지닌 밀실 4개가 연결된 구조로 이루어져 있었다. 각각의 밀실에는 문이 없었고, 오로지 바닥 근처에 작은 구멍 하나만 뚫려 있었는데, 이것은 필요한 물품을 내부로 들여보내기 위한 것이었다. 그리고 각각의 밀실에는 서로 다른 거주자들의 배설물이 여러 층위를 이루며 쌓여 있었다. 고고학적 보고서에 따르면, 수도자들은 평생 동안 벽이 둘러쳐진 밀실 안에 완전히 고립되어 살았다. 죽은 후에만 그들은 밖으로 끌어내졌으며, 그들이 남긴 배설물 위에 새로운 마루가 깔렸고, 그다음에 새로운 수도자가 밀실에 들어간 다음에 다시 벽이 둘러쳐졌다. 각각의 수도자는 자신의 똥 위에서 살고 잠자고 기도했다. 다시 말해서 그들은 개별성을 지우고 신과 하나가 되기 위해서 철저하게 자신의 개별성과 대면하는 시련을 견뎌야 했던 것이다. 영혼의 신성을 철두철미하게 추구하려 했던 인간은 이토록 처참한 개별성의 지옥과 만날 수밖에 없었던 것이다. 배설물 위에서 죽음을 맞이하면서 그들은 자신의 신과 만났을 것이다. 이러한 장면을 통해서 우리는 본래 종교란 나의 행복을 위한 것이지만, 결국 종교로 인해서 나는 철저한 나의 비극에 도달할 뿐이라는 종교의 역설을 보게 된다.

2008년에 식도암으로 사망했던 종교학자 게리 리스는 이 누비아 지역의 기독교 금욕주의의 모습을 종교의 원형적 모습으로 생각했다. 그에게는 자신의 배설물 위에서 죽어 간 금욕주의자들이야말로 종교가 도달하는 궁극적인 성스러움의 상징이었다. '종교 킬러'라고 불리던 게리 리스에게 종교는 수많은 역설들을 끌어안다가 결국 자기 역설로 인해 파괴되는 '자살 프로그램'이었다. 그가 보기에 종교는 항상 논리적으로 자기 파괴나 타자 파괴에 이를 수밖에 없는 역설을 내장하고 있었다. 진리는 종교의 무기이며, 종교에게 비(非)진리와 거짓은 근절되고 제거되어야 할 악이 된다. 그런데 이러한 이분법은 필연적으로 종교를 자기 파괴로 이끌어 간다. 주어진 사회에서 종교는 역설을 해결하기보다는 역설을 유지하고 보존하고 강제하기 위한 권력 장치로 기능하며, 이러한 자기 역설로 인해 궁극적으로 파괴와 몰락을 겪게 된다는 것이다. 결국 종교는 타자를 만들어 내고 자기와 타자의 대립 속에서 둘 중 하나의 파괴를 지향한다는 것이다. 그래서 게리 리스는 근대 세계의 특징이 종교를 다른 문화적 산물로부터 분리하려는 전략에 있다고 말한다. 이때 종교는 죽음과 파멸의 논리를 내장하고 있는 역설적인 사회적·문화적 장치가 된다. 그에 따르면 신 개념과 종교는 모두 역사의 요구에 따라 사용되는 권력의 도구이다. 그렇다면 왜 우리의 문화가 종교라는 이러한 자살 프로그램을 필연적으로 내장하게 되는가에 대한 물음을 물어야 한다. 종교는 진정 '죽음에 이르는 질병'에 불과한 것일까?

게리 리스에 따르면 종교의 상대성이나 종교적 관용을 주장하는 것은 종교의 본질적 요소를 무시하는 것이다. 왜냐하면 종교는 인간 실존의 일부분만을 결정하도록 스스로를 제약할 수 없기 때문이다. 종교는 모든 것이 되고자 하며 모든 것에 대한 지배권을 확립하려 하기 때문이다. 종교는 항상 모든 실재에 대해서 자신의 타당성을 주장하는 제국주의적이고 전체주의적인 프로그램이라는 것이다. 그래서 게리 리스는 종교란 항상 정치적 표명이고, 종교 이론은 항상 정치 이론일 수밖에 없다고 말한다. 종교는 평화, 사랑, 이해를 위한 것이 아니며, 결코 종교는 성스럽지도 초월적이지도 않다고 주장한다. 이러한 게리 리스의 논리는 결국 종교가 성스럽다는 것은 근대 학문이 만들어 놓은 허상에 불과하다는 주장으로 이어진다.

조너선 스위프트의 「숙녀의 화장실」이라는 시를 보면 주인공 스트레폰은 여신 셀리아의 침실을 조사하다가 여신의 침실에서 여신의 분비물과 배설물이 풍기는 악취를 맡게 되고, 이로 인해서 아름다운 여신에 대한 환멸에 휩싸이게 된다. 조사를 마치고 나서 그는 "셀리아, 셀리아, 셀리아가 똥을 싼다네!"라는 말을 읊조린다. 흔히 남성의 환상 속에서 여신은 사랑스럽고 성스러운 존재로만 그려진다. 그리고 그러한 환상은 변기에 앉아 있는 여신을 용납하지 못한다. 종교도 마찬가지다. 우리는 항상 종교가 평화, 성스러움, 아름다움으로 가득 차 있다고 상상한다. 그러나 이것은 종교의 실제 모습이 아니라, 우리의 종교 이론이 우리에게 만들어 준 환상일 뿐이다. 이런 맥락에서 종교학자 매튜 데이는 이제 종교 이론은 종교 안에서 배설물이 어떻게 처리되는지에 주목해야 한다고 주장한다. 근대의 종교 이론이 종교를 빛과 달콤함으로 가득 찬 것으로만 묘사해 왔다는 것이다. 이것은 '변기에 앉아 있는 예수'와 '화장실에 들어간 석가모니'에 대한 이야기 없이는 기독교와 불교를 온전히 이야기할 수 없다는 주장이기도 하다.

우리는 성스러움에 대해서도 동일한 말을 할 수 있다. 우리 시대에 성스러움의 불확실성이 문제된다면, 그것은 성스러움에 대한 우리의 이론적 환상 때문이다. 성스러움은 초월적이고 절대적인 것이어서 냄새도 없고 웃음도 없는 것이라는 우리의 종교적 환상 말이다. 그러나 종교를 연구한다는 것은 성스러움의 더러움과 추함까지도 더불어 같이 연구한다는 것이어야 한다. 이제 종교학자의 손을 더럽힐 때가 된 것이다.

4

불확실한 지구

박상표
강양구

지금처럼 불확실한 세상에서 유일하게 확실한
것은 50년 뒤 지구는 지금과 같은 생태계가 아니
라는 것이다.

— 에드워드 윌슨

불확실성이 증폭시킨 광우병 공포

박상표 | 국민 건강을 위한 수의사 연대 정책 국장

1980년대 말, 현대인들은 예전에 듣도 보도 못한 광우병이라는 새로운 질병이 나타나자 극도의 공포심을 느꼈다. 그것은 마치 지난 14세기 유럽 인들이 흑사병의 유행으로 혼란에 빠졌던 상황과 비슷했다.

중세 유럽 인들은 흑사병의 발병 원인이나 전파 방식에 대해 아는 것이 거의 없었다. 무지와 불확실성은 온갖 추측을 낳았다. "하느님이 천벌을 내린 것이다.", "오염된 공기의 독성 때문이다.", "나병 환자나 떠돌이 집시들 혹은 유대인들 때문이다.", "개나 고양이 같은 짐승들 때문이다.", "혜성이나 지진 같은 특이한 천체 현상 때문이다." 등의 허황된 주장들이 난무했다.

흑사병의 발병 원인이 밝혀지지 않았으므로 치료법 또한 전혀 알 수 없었다. 불확실성의 상황에 직면한 당대의 최고 전문가들은 다양한 처방을 내렸다. 우선 종교적인 처방이 내려졌다. "내 큰 탓이오!"라고 소리치며 하느님께 열심히 기도를 올리기도 했으며, 신

의 분노를 달래기 위해 채찍으로 자신을 갈기면서 속죄 의식을 시행하기도 했다. 의사들은 좀 더 그럴듯한 처방을 내렸다. 설사를 일으키는 사하제를 투약하기도 했으며, 나쁜 피를 뽑아낸다면서 사혈 치료를 시도하기도 했다. 뜨거운 인두로 부어오른 임파선을 지지는 소작법을 시행하기도 했다. 오줌으로 환자를 목욕시키는 경우도 있었고, 뜨거운 수증기를 쐬는 훈증 요법을 시행하기도 했다. 물론 이러한 치료들은 공포심만 증폭시켰을 뿐 아무런 효과가 없었다. 1347년부터 1352년까지 5년 동안 무려 2400만 명이 흑사병에 희생되었다. 당시 유럽 인구의 25~50퍼센트가 사망한 것이다. 흑사병은 15세기 초와 17세기 중반에도 발생했다.

당시의 과학 수준으로는 흑사병의 원인을 밝히거나 치료약이나 예방약을 개발할 수 없었기 때문에 국가 차원의 공중 보건이나 방역 체계가 효과적으로 작동할 수 없었다. 이러한 불확실성의 상황은 대중들의 공포를 증폭시켰다. 대중들은 죽음에 대한 공포와 경제적인 궁핍, 그리고 불안정한 생활에 두려움을 느낀 나머지 병적으로 미신에 의지했다. 종교 지도자들은 이러한 상황을 악용해 여성, 가난한 사람 등 무고한 사람들을 붙잡아다 끔찍하고 잔혹한 고문으로 흑사병을 일으켰다는 자백을 받아냈다. 이른바 마녀 사냥을 벌인 것이다.

| 광우병이라는 이름이 감추는 것들 |

흑사병을 뜻하는 '페스트(pest)'라는 병명 그 자체가 불확실성의 산물이다. '페스트'라는 말은 '건강에 좋지 못한 날씨나 대기'를 뜻하는 라틴 어 '페스틸렌시아(pestilencia)'에서 유래했다. 독성이 있는 나쁜 공기 때문에 페스트가 발병했다는 중세 유럽 인들의 사고 방식은 광우병에 걸린 소를 보고 소가 미쳐 버렸다고 생각한 현대인들과 비슷한 측면이 있다.

광견병에 걸린 개나 사람은 음식물을 삼키는 근육에 경련이 일어나기 때문에 물이나 음식물을 삼키지 못하고 침을 질질 흘린다. 광견병 바이러스가 뇌에 침범하기 때문에 쉽게 흥분하거나 불안한 행동을 보이며, 조금만 건드려도 깜짝 놀란다. 근육이 딱딱하게 굳어지면서 경련을 일으키다가 호흡 중추가 마비되어 결국 사망하게 된다. 그런데 소가 원인을 알 수 없는 상황에서 이와 비슷한 증상을 보이기 시작했다. 사람들은 소가 미쳤다고 생각해 '광우병(狂牛病, mad cow disease)'이라는 이름을 붙였다. 전문가들도 원인을 규명하지 못한 상태에서 뇌를 부검했을 때 스펀지처럼 구멍이 숭숭 뚫려 있는 증상을 보고 '우 해면상 뇌증(牛海綿狀腦症, Bovine Spongiform Encephalopathy, BSE)'이라는 병명을 붙였다. 보바인(Bovine)은 소(cow), 스펀지폼(Spongiform)은 스펀지 모양, 엔세펄로퍼시(Encephalopathy)는 두개골 안쪽에 있는 뇌에 이상이 생긴 상태라는 뜻이다.

일부 언론과 전문가 들은 광우병은 과학적 용어가 아니기 때문에 우 해면상 뇌증(BSE)이라는 전문 용어를 사용해야 한다고 주장하고 있다. 그러나 광우병이나 우 해면상 뇌증은 모두 원인을 모른 상태에서 눈에 보이는 증상을 그럴듯하게 표현한 것에 불과하다. 다시 말해 불확실성에 대한 대중적 표현과 전문가적 표현은 실질적으로 크게 차이가 없다고 볼 수 있다.

이와 비슷한 사례는 조류 독감과 조류 인플루엔자(AI), 유전자 조작 식품(GMO)과 생명 공학(Bio-technology)과 같은 용어에서도 찾아볼 수 있다. 정부와 기업은 대중적으로 널리 쓰이고 있는 '조류 독감'이라는 용어는 비과학적 용어이기 때문에 '조류 인플루엔자(AI)'라는 용어를 쓸 것을 언론에 권장해 왔다. 그러나 인플루엔자(Influenza)의 어원은 이탈리아 어로 '추위의 영향(*influenza di freddo*)'이다. 대중은 독감이 겨울의 추운 바람이나 봄의 차가운 기운 때문에 발생한다고 믿어 왔다. 따라서 독감과 인플루엔자 모두 불확실성을 대중적 용어와 전문적 용어로 비슷하게 표현한 것일 뿐 어느 것이 더 과학적이라고 단정적으로 이야기할 수 없다.

실제로 정부와 기업이 대중이 쉽게 이해하기 힘든 용어로 병명을 붙이는 것은 바로 경제적인 이유 때문이다. 지난 2005년 11월, 국회에서 열린 조류 독감 토론에서 모 교수는, "일부 전문가 및 매스컴에서 아직까지도 조류 독감이라고 부르고 있는데, 조류 인플루엔자로 해야 한다. 왜냐하면, 조류 독감이라고 했을 경우 일반 국민이 갖게 되는 공포심은 자칫 가금(닭, 오리) 산업, 나아가서 국내 농식품 산업 전반에 좋지 않은 영향을 미칠 수도 있기 때문이다."라며 속마음을 솔직하게 드러내기도 했다.

이러한 용어 사용 혹은 용어 선택은 GMO의 경우에도 볼 수 있다. GMO는 유전자(Genetically)를 변형시킨(Modified) 유기체(Organism)라는 뜻이다. 그런데 대중이 유전자 조작이라는 용어에 부정적인 인식을 가지고 있기 때문에 정부와 기업은 새로운 홍보 전략을 세웠다. 기업의 후원을 받은 소비자 심리학 전문가들은 유전자 조작, 유전자 공학, 생명 공학 등의 용어들에 대한 소비자들의 인식과 수용 태도를 조사했다. 그 결과 소비자들에게 긍정적 인식을 줄 수 있는 '생명 공학(Bio-technology)'이란 용어를 찾아냈다. 이 용어는 유전자 조작 기술이 등장하기 한참 전인 1917년 헝가리 공학자인 카를 이레키가 처음 사용했는데, 1980년 후반에 유전자 조작 식품이 상업화된 이후 새롭게 주목을 받는 용어가 되었다. 이제 정부와 기업에게는 소위 전문가들을 동원해, 유전자 조작 식품이라는 부정적인 뉘앙스를 가진 '비과학적' 용어 대신 생명 공학 또는 바이오테크놀로지라는 가치 중립적인 전문 용어를 사용하자고 언론과 대중을 설득하는 일만 남게 된 것이다.

하지만 곰곰이 생각해 보면 유전자를 변형시키고 조작하는 기술을 통해 자연에 존재하지 않았던 새로운 동물, 식물, 미생물 같은 유기체를 만들어 내는 기술은 생명 공학이라는 용어보다는 유전자 조작이라는 용어가 더 잘 어울리는 것 같다. 왜냐하면 가치 중립적인 용어가 때로는 새로운 과학 기술이나 질병이 가져올 위험이나 본질을 은폐하는 역할을 할 수도 있기 때문이다.

| 불확실성으로 가득한 광우병 |

광우병을 불러일으키는 원인 물질이나 발병 인자에 대한 과학적 논란은 아직까지도 명쾌하게 해명되지 않았다. 일반적으로 변형 프리온 단백질이 정상 프리온 단백질을 변화시킴으로써 광우병이 발병한다고 알려져 있다. 이러한 '프리온 가설'은 이 가설의 주창자인 스탠리 프루지너가 1997년 노벨 생리·의학상을 수상함으로써 과학계의 다수설이 되었다. 프루지너는 정상 프리온 단백질이 변형 프리온 단백질로 전화하는 데 '단백질 X'가 참여하고 있다고 추가로 주장했다. 단백질 X는 프리온 단백질에 비공유 결합을 해 단백질 구조를 변화시키는 샤페론(chaperone)으로 작용한다는 설명이다. 지난 2009년 6월에는 프리온 단백질이 뇌세포의 생존에 필수적인 마호구닌(Mahogunin)이라는 단백질에 결합할 때 광우병이 발생한다는 미국 국립 보건원(NIH) 소속 과학자들의 새로운 주장이 학술지 《셀(Cell)》에 소개되기도 했다. 프리온 단백질이 마호구닌과 결합하면 뇌세포에서 마호구닌이 기능하지 못하게 되어 결국 세포를 죽음에 이르게 한다는 것이다.

그러나 광우병, 스크래피, 크로이츠펠트야코프병 등을 유발하는 병원체가 변형 프리온 단백질 그 자체인지는 아직까지 100퍼센트 확실하지 않다. 프리온 단백질이 질병의 매개체 역할을 한다는 사실에는 동의하지만 여전히 바이러스 또는 바이리노가 병원체라는 주장을 굽히지 않고 있는 과학자들도 있다.

미국 예일 대학교 의과 대학의 신경 병리학자 로라 마누엘리디스는 바이러스 원인설을 주장하고 대표적인 학자이다. 그녀는 2007년 1월 31일자《미국 국립 과학원 회보(*Proceedings of the National Academy of Science, PNAS*)》에 "스크래피와 크로이츠펠트야코프병에 감염된 프리온 단백질을 함유한 신경 세포에서 지름 25나노미터 크기의 바이러스와 유사한 분자를 반복적으로 확인했다."라는 논문을 발표했다. 마누엘리디스는 "스크래피와 크로이츠펠트야코프병에 감염되지 않은 정상 프리온 단백질을 함유한 신경 세포에서는 이러한 분자가 없었다."라고 밝히면서, "이 입자는 프리온 단백질의 항체와도 관련이 없었고 프리온 단백질도 함유하고 있지 않기 때문에, 오직 바이러스만이 감염 원인체가 될 수 있다."라고 주장했다. 바이러스 가설을 주장하는 학자들은 "프리온의 가면 뒤에는 바이러스가 숨어 있으며, 숙주의 정상 프리온 단백질은 감염성 분자의 세포 촉진자로 기능한다."라고 이야기한다. 물론 이러한 주장도 어디까지나 가설에 불과하다.

　광우병 병원체의 불확실성을 증폭시키는 새로운 사실 중 하나가 프리온 변종 현상이다. 돌연변이가 수시로 일어나는 바이러스는 다양한 변종을 가지고 있다. A형 조류 독감 바이러스의 경우, 외피 단백질에 따라 16개의 H형 항원과 9개의 N형의 항원이 존재한다. 이에 따라 조류 독감 바이러스는 144개의 아형(subtype)으로 분류된다. 다시 말해 조류 독감 바이러스는 144개의 다양한 변종이 나타날 수 있다는 것이다. 그런데 스크래피나 광우병에서도 변종을 확인할 수 있다. 따라서 바이러스의 특징인 변종이 나타나는 현상을 프리온 가설로 설명하기 어려운 문제가 발생한다.

프리온 변종은 잠복기, 조직학적 손상 상태, 임상 증상 등으로 분류할 수 있다. 스크래피의 경우, 피부를 박박 긁어대는 '가려움증(scratching)' 형과 지나치게 흥분해 신경 과민 증상이 나타나는 '신경증(nervous)' 형을 보인 양이나 염소로 나눌 수 있다. 광우병의 경우, 변형 프리온 단백질의 분자량이 높은 H형과 분자량이 낮은 L형의 새로운 비정형 변종이 확인되었다.

변형 프리온 단백질이 단백질 분해 효소에 분해되지 않고 저항한다는 주장도 미국 국립 프리온 질병 감시 센터의 감베티 교수의 새로운 연구를 통해 부정된 상황이다. 감베티 교수는《미국 국립 과학원 회보》 2008년 6월호에 단백질 분해 효소에 파괴되는 병원성 프리온 단백질을 가진 유사 인간 광우병 환자 11명의 사례를 보고했다. 이들은 근육 운동이 불규칙하게 일어나 제대로 걷지 못하는 보행 실조와 진행성 치매 증상을 보였다. 또한 안정 떨림, 경직, 느린 운동 및 자세 불안정성 같은 파킨슨병 증상도 나타났다. 더욱이 이들의 프리온 단백질에서는 유전자 돌연변이가 일어나지 않았으며, 현재 공인된 인간 광우병 검사법을 통해 진단할 수도 없었다.

최근에는 파킨슨병과 알츠하이머병도 광우병이나 인간 광우병처럼 변형 단백질이 신경 세포 간에 전파되어 뇌의 여러 부위로 확대된다는 연구 결과가 발표되어 전염성 단백질에 대한 관심이 더 높아지고 있다. 알츠하이머병의 원인 중 하나로 주목받아 온 타우 단백질이 동물 실험 결과 전염성이 있는 것으로 밝혀졌다. 파킨슨병 발병 초기에도 '알파-시뉴클린(alpha-synuclein)'이란 신경 세포의 단백질이 변성된 후 근처에 있는 신경 세포로 이동해 정상 단백질을 변성시킨다는 사실이 밝혀졌다. 하지만 타우 단백질이나 알파-시뉴클린 단백질이 사람과 사람 사이에 전염되거나, 수혈이나 외과 수술 도구로 전염되는지는 아직까지 과학적으로 확실하게 규명되지 않았다. 만일 변형 단백질 질환으로 묶을 수 있는 광우병, 파킨슨병, 알츠하이머병 등이 감염성이 있고, 서로 연관 관계가 있다는 사실이 밝혀지기라도 한다면 대중은 또 한 번 큰 공포와 혼란에 빠질 가능성이 높다.

한편 과학자들은 광우병 예방약이나 치료약을 개발하기 위한 연구를 지속적으로 실시하고 있지만 아직까지 성공한 사례는 단 한 건도 없다.

지난 2003년 황우석 전 서울대 교수는 광우병 내성 소 복제에 성공했다고 발표했고, 2006년과 2007년에는 중국의 과학자들과 미국과 일본의 연합 연구팀이 각각 광우병 내성을 지닌 송아지를 복제했다고 발표했다. 그러나 아직까지 그 성공이 과학적으로 검증된 적이 없다. 설령 가까운 미래에 광우병 내성 소가 개발된다고 하더라도 그것은 유전자 조작 소에 불과하므로 대중이 안심하고 먹을 쇠고기 공급원으로 인정받기 힘들 것이다.

2001년 프루지너 교수와 옥스퍼드 대학교 레이먼드 드웩 교수는 인간 광우병 환자에게 말라리아 치료약 퀴나크린(quinacrine)과

정신 안정제인 클로르프로마진(chloropromazine)을 함께 투여한 결과 수명을 단기간 늘리는 효과가 있었다고 주장했다. 이후 영국에서 런던 대학교의 존 콜린지 교수의 연구팀이 인간 광우병 환자들을 대상으로 퀴나크린을 투여하는 장기간에 걸친 임상 실험을 실시했으나, 최근《더 랜싯 신경학(*The Lancet Neurology*)》에 "실질적인 광우병 치료 효과가 전혀 없다."라는 실망스러운 결과를 발표했다.

방광염 치료제로 혈액 응고와 염증을 막는 기능이 있는 펜토산 폴리설페이트(Pentosan polysufate)도 인간 광우병 환자의 수명을 늘려주는 효과가 있다는 주장이 제기된 바 있으나, 역시 실질적인 광우병 치료 효과는 거의 없는 것으로 보인다.

2009년 들어서 변형 프리온이 '나노 튜브'라고 불리는 '다리' 또는 '고속 도로망'을 따라서 위장에서 뇌까지 이동하므로 나노 튜브를 봉쇄함으로써 변형 프리온의 이동을 막을 수 있다거나, 인간 광우병 치료의 열쇠가 될 수 있는 프리온 단백질의 항체 구조를 밝혀냈다는 연구 결과가 발표되었다. 그럼에도 불구하고 이러한 연구 결과가 실제로 광우병을 치료하거나 예방할 수 있을지는 여전히 불확실한 상황이다.

쇠고기의 안전성은 불확실성의 대표적 사례

"전 국민 여러분께서 걱정할 필요가 전혀 없다고 확신합니다. 정부는 전문가들로부터 모든 전문적인 자문을 받고 있습니다. 쇠고기는 완벽하게 안전하다고 전문가들은 결론 내렸습니다."

1990년 5월 6일, 존 검머 영국 농림부 장관은 자신의 네 살배기 딸의 손을 붙들고 BBC 카메라 앞에서 광우병이 인간에게 전파된다는 과학적 증거가 없다며 햄버거를 시식하는 홍보쇼를 연출했다. 양심적인 의사와 과학자가 소의 광우병이 인간에게 전염될 가능성이 있다고 1988년부터 지속적으로 경고했지만 영국 정부 측 과학자들은 이러한 문제 제기를 무시했다. 영국 정부의 고위 관료들과 정부 측 입장을 대변하는 과학자들은 실제로 과학적으로 증명되지 않은 안전성을 의도적으로 주장함으로써 불확실성을 확실성으로 바꿔 놓았다.

영국 정부의 이러한 근거 없는 강경한 입장은 결국 불확실한 위험을 최소화할 수 있는 '사전 예방적 규제'를 도입하지 못하도록 만들었다. 영국 정부가 호미로 막을 수 있었던 위험을 부풀린 데는 소의 내장과 특정 위험 부위 금지 조치가 초래할 축산업계의 경제적 손실에 따른 사회적 파장을 지나치게 정치적으로 계산했기 때문이다.

그러나 존 검머 장관의 과학적 확실성에 대한 잘못된 호언장담은 15년 후 자신의 절친한 친구 딸인 엘리자베스 스미스가 인간 광우병에 걸렸다는 진단을 받음으로써 불행한 결과를 초래하고 말았다.

국제 교역 기준을 정하는 국제 수역 사무국(OIE)은 30개월 미만의 소는 광우병 위험으로부터 안전하다고 주장한다. 2009년 5월에는 교역 기준을 더 완화해 30개월 이상이라도 뼈를 발라낸 살코기는 안전하기 때문에 광우병 발생과 관계없이 자유롭게 사고 팔 수 있도록 허용했다.

하지만 과학적으로는 30개월 미만 소도 100퍼센트 안전하다고 볼 수 없다. 30개월 미만 소에서 광우병이 확인된 사례는 영국에서 19건, 일본에서 2건, 독일에서 2건, 폴란드에서 1건 등 최소한 24건이 넘게 보고되었다. 영국의 경우 20개월짜리 어린 소가 광우병에 걸려 죽었고, 일본에서는 21개월짜리와 23개월짜리 어린 소의 사망 보고가 있었다. 뿐만 아니라 독일의 호프만 크리스틴 박사 연구팀은 실험적으로 30개월 미만에서 변형 프리온을 검출했다는 연구 결과를 2007년 《일반 바이러스학회지》에 발표한 바 있다. 4~6개월짜리 어린 송아지에게 광우병에 걸린 소의 뇌를 먹여서 언제부터 광우병을 일으키는 변형 프리온이 검출되는지 실험해 본 결과, 24개월째에 뇌, 소장, 복강 신경절 등에서 변형 프리온이 확인된 것이다. 다시 말해 생후 28개월짜리 소에서 광우병 발병 인자가 검출된 것이다.

그렇다면 살코기는 100퍼센트 안전할까? 등뼈나 머리뼈에 붙은 살점을 높은 압력을 이용해 기계적으로 떼어내거나 여러 마리의 소에서 나온 내장이나 잡고기를 갈아서 만든 햄버거나 피자가 위험한 것은 말할 것도 없으며, 살코기도 100퍼센트 안전하다고 장담할 수 없다. 2005년에 독일 연구팀은 10마리의 생쥐를 광우병에 감염시켜 그중 1마리의 넓적다리 근육에서 변형 프리온을 검출했다. 비록 이 실험에 사용된 생쥐는 일반적인 소보다 10배나 광우병에 민감하도록 유전자 조작을 했지만, 살코기에 들어 있는 신경 조직에 광우병 유발 인자가 분포할 수 있다는 사실을 보여 주었다. 2007년 일본학자들의 연구에서도 뇌나 척수뿐만 아니라 좌골 신경, 부신, 내장 신경에도 변형 프리온이 검출되었다.

소의 우유, 혈액, 오줌, 침 등은 광우병 위험이 전혀 없다는 것이 과학계의 주류적 견해이다. 그러나 오히려 안전성이 확실하다기보다 위험성이 불확실하다고 해석하는 것이 더 타당할 것 같다.

2006년 12월, 스위스의 니콜라 프란치니 박사 연구팀은 소, 양, 염소, 사람의 우유에서 정상 프리온 단백질을 검출했다고 발표했다. 우유 속에 정상 프리온 단백질이 존재한다는 사실은 우유가 광우병의 감염원으로 작용할 가능성이 있다는 사실을 의미한다. 이미 양의 유선 조직에서 프리온 복제가 일어나 스크래피와 유방염을 일으킨다는 사실이 증명되기도 했다.

현재 소의 혈액이나 혈액 성분은 광우병 위험이 없는 자유 교역 제품 목록에 포함되어 있다. 지금까지 수혈을 통해 사망한 인간 광우병 환자 3명은 모두 전혈 수혈을 받은 것으로 확인되었기 때문에 혈장은 안전하다는 것이 의학계의 정설이었다. 그러나 2009년 2월, 영국에서 혈장 수혈을 받은 백혈병 환자가 인간 광우병으로 사망했다는 보고가 나왔기 때문에 혈장을 통해 광우병이 전염될 가능성을 배제할 수 없다. 따라서 엄밀하게 따져서 소의 혈액을 통한 광우병 전염 가능성은 여전히 과학적으로 불확실한 상황이다.

광우병이 침으로도 전염될 수 있을까? 사슴의 경우는 침으로도 광우병이 전염된다. 콜로라도 주립 대학교의 에드워드 후버 박사 연구팀은 2006년 10월 6일자 《사이언스》에 사슴의 침과 혈액을 통해 광록병이 전염될 수 있다는 연구 결과를 발표했다. 켄터키 주립 대학교의 글렌 텔링 박사 연구팀은 만성 소모성 질환(CWD)에 감염된 뮬사슴의 다리 근육 조직에서 추출한 세포를 쥐에게 주입하자 쥐들이 같은 질환에 감염됐다는 연구 결과를 2006년 1월 26일자 《사이언스》에 발표하기도 했다. 그럼 사람은 어떨까? 물론 사슴의 광우병이라고 불리는 이 만성 소모성 질환이 사람에게 전염된다는 과학적 증거는 아직까지 확실하지 않다. 왜냐하면 실험 동물을 이용한 생체 실험에서는 전염을 확인할 수 없었지만, 시험관 내 실험에서는 사슴의 변형 프리온이 사람의 정상 프리온을 변형시키는 것으로 나왔기 때문이다.

그렇다면 소의 육골분을 사료로 사용하는 양식 물고기는 어떨까? 그리스 과학자들은 최근 광우병 및 스크래피 원인 물질을 양식 어류에게 투여한 결과, 28개월 후에 물고기의 뇌에 비정형 프리온 단백질이 침착된 사실을 항체 검사로 확인했다. 아직까지 물고기를 통해서 소나 사람이 광우병에 전염될 수 있는지는 과학적으로 불확실한 상황이다. 양식 어류는 일상적으로 대중의 밥상에 올라가는 식재료이기 때문에, 만일 물고기를 통해서 인간 광우병에 전염된다면 끔찍한 재앙을 초래할 것이다.

| 최악의 시나리오를 내재한 광우병의 불확실성 |

현재까지 실험적으로 광우병을 일으킬 수 있는 감염 최소량은 불과 0.001그램이다. 영국의 웰스 박사팀은 15마리의 송아지에게 0.001그램의 뇌 조직을 먹인 실험을 한 결과, 그중 1마리에서 광우병 감염을 확인한 바 있다. 감염량이 많을수록 광우병에 걸리는 송아지의 비율이 높았으며, 잠복기도 훨씬 짧았다. 그런데 이 실험에서 0.001그램 이하의 용량을 투여하지 않았기 때문에 더 낮은 용량으로도 광우병에 걸릴 가능성을 전혀 배제할 수는 없다. 통계 및 확률과 과학적 데이터를 강조하는 입장에서는 사람과 소 사이에는 종간 장벽이 있기 때문에 이 실험 결과를 사람에게 그대로 적용하면 안 된다고 주장한다.

그러나 유럽 전문가 위원회가 지난 2000년 종간 장벽에 대한 의견서를 발표하면서 "과학적 데이터가 상충되고 소-인간 종간 장벽의 불확실성을 고려할 때, 비록 입수할 수 있는 증거가 현실적으로 종간장벽 수치가 1보다 훨씬 높을 것 같다고 하더라도, 종간 장벽을 1로 간주하는 최악의 시나리오에 대한 가정을 반드시 포함시켜야 한다."라고 명시한 사실을 간과하지 말아야 한다. 다시 말해 불확실성의 상황을 고려해 현재까지 밝혀진 동물 실험 결과 0.001그램만으로도 광우병이 전염된다고 가정하는 최악의 시나리오를 반드시 포함시켜 예방 대책을 세워야 할 것이다.

비정형 광우병은 전형적인 광우병 소에서 나타나는 변형 프리온 단백질보다 분자량이 높거나 낮게 나타난다. 영국에서는 뇌간에 있는 신경 세포의 염색질을 녹이는 특징을 보이는 새로운 프리온 질병 사례가 보고되었다. 이러한 증상으로 사망한 소들은 병리학적 및 생화학적으로 광우병과 확연하게 구별되었으며, 전염 가능성은 아직까지 밝혀지지 않았다.

비정형 광우병은 인간에게 전염되지 않는다는 주장도 있으나, 최근 동물 실험을 통해 비정형 광우병이 오히려 인간에게 더 치명적일 가능성이 높다는 주장도 제기되고 있다. 2008년 1월 30일자 《바이러스학회지》에는 인간 프리온 유전자로 형질 전환을 한 생쥐로 실험을 해 보니, 비정형 광우병의 변형 프리온이 인간의 프리온 유전자를 변형시키는 것이 확인되었다는 연구 결과가 실렸다. 비정형 광우병의 평균 잠복기는 20~22개월로 더 짧아졌으며, 전형적인 광우병보다 전염력이 더 높은 것으로 나타났다.

겉으로 보기에는 건강해 보이는 정상적인 소들 가운데 무증상 광우병에 감염된 경우도 있다. 2005년에 유럽 연합에서 도축한 8607051마리의 정상적인 소들 가운데 광우병 검사에서 양성이 나타난 무증상 광우병 감염 소가 113마리였다. 일본 정부도 살아 있을 때 광우병의 임상 증상이 전혀 확인되지 않았는데도 불구하고, 비정상 프리온 단백질이 몇몇 말초 신경 조직으로부터 검출된 소가 2마리 발견되었다고 보고했다.

2008년 8월, 프랑스, 이탈리아, 미국의 학자들로 이루어진 연구팀은 무증상 상태의 늙은 소의 비정형 광우병이 짧은 잠복기를 보이면서 원숭이에 전염되는 것이 확인되었다고 발표했다. 소의 비정형 광우병이 전염된 원숭이는 26개월 만에 죽었고, 전형적인 광우병이 전염된 원숭이는 40개월 만에 사망했다. 인간 광우병이 전염된 원숭이는 25~37개월 만에 목숨을 잃었다. 이 결과는 비정형 광우병이 잠복기가 짧기 때문에 생존 기간이 더 짧으며, 전형적인 광우병보다 인간에게 더 치명적일 수 있는 것으로 해석할 수 있다. 문제는 긴 잠복기로 인해 무증상 상태와 잠복기 상태를 구분하는 것이 현실적으로 어렵기 때문에, 겉으로 보기에는 멀쩡해 보이는 건강한 사람과 동물을 통해 전염이 일어날 수 있다는 것이다.

| 이윤이냐, 생명이냐? |

현재 우리가 살고 있는 세상은 광우병을 비롯해 에이즈(HIV/AIDS), 에볼라 바이러스, 사스(SARS), 조류 독감(AI), 신종 플루, 치쿤구니야(Chikungunya) 바이러스, 뎅기열, 리프트벨리 열, 헨드라 바이러스, 니파 바이러스, 웨스트 나일 바이러스, 라사 열 등 수많은 신종전염병이 발생해 공중 보건상의 위협이 되고 있다.

수많은 질병의 원인들은 근본적으로 과학적 불확실성 영역에 속해 있을 수밖에 없다. 발병 원인이나 기전 자체가 복잡할 뿐만 아니라 과학적으로 규명한 것보다 밝혀내지 못한 부분이 더 많은 것도 사실이다. 새로운 과학적 사실이 밝혀짐에 따라 기존의 발병 원인이나 기전을 설명했던 방식이 완전히 부정되는 경우도 있다. 게다가 질병의 원인을 밝혀내기 위해 인간을 대상으로 생체 실험을 할 수도 없다. 다만 동물 실험, 실험실 실험, 역학 조사 등을 통해 과학적 진실에 조금씩 다가갈 뿐이다.

질병의 과학적 불확실성이라는 특성은 양날의 칼과 같다. 칼은 고기를 자르거나 야채를 써는 목적으로 쓰일 수도 있고, 전쟁 무기나 살인 도구로 사용될 수도 있다. 불확실성은 위험을 예방하는 유용한 무기가 될 수도 있지만, 위험을 은폐하는 수단으로 악용될 수도 있다. 따라서 어떠한 원칙을 가지고 위험에 대처하느냐가 공중보건의 중요한 문제로 떠오른다. 정부와 산업계는 과학적 근거주의에 입각한 유해성 입증의 원칙을 선호한다. 비판적 과학자와 시민사회 진영은 사전 예방의 원칙에 근거한 무해성 입증을 요구한다.

20여 년 전 광우병이 처음 발생했을 때 인류는 광우병이라는 새로운 질병에 대해 아무런 지식을 가지고 있지 못했다. 영국 정부와 축산업계는 광우병에 대한 과학적 불확실성을 안전에 대한 확실성으로 바꾸어 버리는 언어의 마술을 부렸다. 광우병 걸린 쇠고기나 햄버거를 먹는다고 해서 인간에게 어떤 질병이 발생한다는 과학적 근거가 밝혀진 것이 없기 때문에 안전하다는 주장을 펼쳤다.

반면 비판적 과학자들과 보건 환경 운동가들은 위험성을 입증할 수 있는 과학적 증거가 불충분하거나 불확실하더라도 임시적으로 보다 높은 강도의 보호 조치를 채택해야 한다고 요구했다. 불확실성의 상황에서 과학적으로 안전하다는 것이 밝혀질 때까지 일단 예방적으로 안전 조치를 취하자는 것이다.

물론 불확실성은 위해성이 높아지는 것이 아니라 과학적인 지식의 부재 상태이기 때문에 이를 악용해서는 안 된다는 지적도 일리가 있다. 특정한 목적을 달성하고자 사전 예방의 원칙을 과도하게 적용해 과학적으로 불확실한 사실들을 나쁜 목적으로 이용하는 것은 비판받아 마땅하다.

그러나 정부와 기업이 불순한 의도를 가지고 안전 규제나 예방 정책에 대해 과학적 증거를 요구하는 사례가 오히려 더 많다는 사실을 짚고 넘어가야 한다. 담배가 폐암을 일으키는 사실을 너무나 잘 알고 있었던 담배업계가 돈으로 과학자들과 관료들을 매수해 법정 소송을 벌인 사실은 너무 유명하다. 휘발유에 함유된 납의 위험성을 은폐한 자동차 회사 제너럴 모터스와 석유 화학 기업 듀퐁, 암과 폐질환을 일으키는 석면이 안전하다며 진실을 외면한 석면 방직 협회, 전립선암을 일으키는 아트라진 제초제의 위험성을 은폐하려 한 제약 화학 기업 신젠타, 만성적으로 벤젠에 노출된 노동자들에게서 백혈병이 발병한다는 사실을 은폐하려 한 셸 오일, 셰브론, 엑손모빌 등 석유 화학 회사 등 무수히 많은 기업들이 이윤에 눈이 멀어 과학적 진실을 외면했다. 이들이 공통적으로 사용한 무기는 바로 불확실성이었다.

광우병 위험에 대한 안전 대책을 세우는 데 있어서도 존 검머 장관의 쇠고기 홍보에서 볼 수 있듯이 영국 정부와 축산업계는 불확실성을 무기로 진실을 외면했다. 비판적 과학자들과 언론에 의해 광우병이 인간에게 전염될 수 있다는 경고가 나오자 대중은 정부와 업계를 불신하기 시작했다. 정부와 업계가 위험 정보를 공개하지 않고 왜곡한 결과 대중의 신뢰가 바닥으로 추락한 것이다. 대중은 정부와 업계가 후원하는 전문가들의 이야기를 믿지 않았다. 이에 따라 대중의 불안과 공포는 극에 달했으며, 음모론과 괴담이 난무했다.

지난 2008년 미국산 쇠고기 전면 수입 개방을 계기로 100일이 넘는 기간 동안 전국적으로 촛불 시위가 일어난 것도 불확실성의 상황 속에서 정부-기업-학계-대중 사이의 신뢰가 무너졌기 때문이었다. 수백만 명의 대중이 불안과 공포, 그리고 분노를 표출한 근저에는 과학적 불확실성과 정부 및 관변 전문가들에 대한 뿌리 깊은 불신이 자리 잡고 있었다.

2009년에도 신종 플루가 전 세계적으로 대유행하는 사태가 발생했다. 미국 질병 관리 본부(CDC), 영국의 국립 의학 연구소(NIMR) 등은 이번에 유행하고 있는 인플루엔자 바이러스의 DNA를 분석한 결과, 8개의 유전자 조각 가운데 6개는 북아메리카 지역에서 발생했던 돼지 인플루엔자 바이러스에서 유래한 것이고, 나머지 2개는 유라시아 지역에서 유래한 돼지 인플루엔자 바이러스라고 밝혔다. 북아메리카 지역에서 유래한 6개의 유전적 조각은 1998년 이후 북아메리카 지역에서 분리된 H1N2형과 H3N2형의 돼지 인플루엔자 바이러스와 관련이 있으며, 특히 1998년에 분리된 Swine H3N2는 조류와 돼지와 인간 인플루엔자 바이러스의 3중 조합으로 확인되었다.

　그러나 어떻게 돼지 인플루엔자 바이러스가 사람에게 전염된 후 전 세계적으로 대유행하게 되었는지는 아직까지도 과학적으로 명확하게 규명되지 않았다. 이러한 불확실성 속에서 2010년 3월 19일 현재 전 세계적으로 최소한 1만 6813명이 신종 플루로 인해 사망했으며, 국내에서도 2010년 2월 26일 현재 240명이 목숨을 잃었다. 해마다 계절성 독감에 감염되어 전 세계적으로 25만~50만 명이 사망하고 있는 사실에 견주어 볼 때 신종 플루의 위험성은 그리 높은 편은 아니다. 실제로 역학 조사와 과학적 분석 결과 신종 플루 바이러스의 독성은 예상보다 훨씬 약했다. 그러나 아직 대유행이 완전히 끝난 것이 아니며, 독성이 강한 돌연변이 바이러스 출현 가능성 등의 불확실성이 여전히 남아 있다. 그렇기 때문에 대중은 공포와 불안을 느끼고 있다. 가능성은 희박하지만 자칫 독성이 강한 조류 독감 바이러스와 혼합되어 돌연변이가 일어나거나 타미플루나 리렌자 같은 치료제에 내성이 생긴다면 20세기에 발생했던 세 차례의 인플루엔자 대유행만큼 수백만 혹은 수천만 명의 목숨을 앗아 갈 수도 있다.

　전염병의 과학적 불확실성에 대한 해결을 이윤을 추구하는 시장에 맡겨 놓을 경우, 대중의 생명과 건강을 심각하게 위협하는 불행한 사태를 초래할 수 있다. 최근 '제약마피아'로 불리는 다국적 거대 제약 회사, '닥터 플루'라는 별명으로 유명한 알버트 오스터하우스 교수 등의 인플루엔자 바이러스 전문가, 그리고 마거릿 찬 세계 보건 기구(WHO)의 사무총장 등이 결탁하여 '가짜 신종 플루 대유행 선언'을 조작했다는 의혹이 제기되었다. 실제로 유럽 연합 의회는 2010년 1월부터 다국적 거대 제약 회사들이 WHO로 하여금 가짜 신종 플루 대유행 선언을 하도록 영향력을 행사했는지에 대해 조사를 벌이고 있다.

국내에서도 지난해 가을 신종 플루 치료약인 '타미플루' 품귀 소동이 벌어진 적이 있다. 그런데 그 이면에는 한국 HSBC와 한국 노바티스 등 다국적 기업의 사재기와 일부 의사들의 무분별한 허위 처방전 발급이 있었음이 검찰 조사 결과 밝혀지기도 했다.

그뿐만이 아니다. 정부가 신종 플루 백신을 확보하는 과정에서 글락소스미스클라인(GSK)이라는 거대 제약 회사가 "중과실 면책과 배상 책임률 50퍼센트 제한, 영국 현지 소송 진행"을 계약에 명시하도록 요구하고 있어 합의를 이루지 못했던 사실 이 국정 감사에서 밝혀진 적도 있다. 이것 말고도 신종 플루 대유행 사태에서 생명과 건강을 상품과 똑같이 시장에 맡겼을 경우, 어떤 폐해가 나타날 수 있는가를 보여 주는 생생한 사례는 더 있다. 지난 5월, 세계 3대 백신 제조업체 중 하나인 스위스계 제약 회사 노바티스는 가난한 사람들을 위해 신종 플루 백신을 기부해 달라는 WHO의 요청을 거부한 바 있다. 다니엘 바셀라 노바티스 최고 경영자(CEO)는 "백신 생산이 지속되려면 금전적 보상이 있어야 한다."라며 백신 기부를 거절했으며, 개발 도상국들이나 원조 공여국들이 백신 비용을 부담해야 한다고 밝혔다.

따라서 불확실한 상황에서는 인간의 생명과 건강을 가장 우선에 놓고 안전 대책을 마련하는 것이 최선의 길이라는 사실을 결코 잊어서는 안 된다. 사전 예방의 원칙에 따라서 2차 대유행 가능성에 대비해 백신과 치료제를 확보하여 무상 혹은 저렴한 가격으로 대중에게 공급하고, 중증 환자를 집중 치료할 수 있는 격리 병동을 충분히 마련해야 한다. 우리가 불확실한 위험에 어떤 원칙을 가지고 대처하느냐에 따라 불확실성은 끔찍한 공포나 재앙이 될 수도 있고, 위험의 최소화에 의한 사전 예방이 될 수도 있을 것이다. 불확실한 세상에 사는 우리는 이윤이냐, 생명이냐 하는 선택에서 언제나 자유로울 수 없다.

불확실한 지구에서 살아남기

강양구 |《프레시안》기자

지난 2004년 할리우드 재난 영화 「투모로우」가 화제였다. 지구 온난화가 초래할 기후 변화로 미국 뉴욕 맨해튼을 비롯한 북반구 대부분이 얼음으로 뒤덮인다는 게 주된 내용이었다. 이 영화에서 묘사한 기후 재앙의 가능성을 놓고 많은 과학자는 코웃음을 쳤지만 대중의 반응은 뜨거웠다.

당시 한국의 일부 환경 단체는 회원, 시민을 대상으로 앞장서 이 영화 관람을 촉구했다. 이에 발맞춰 할리우드 영화의 시사회에서 환경부 장관이 축사를 하는 진풍경도 벌어졌다. 사정은 이웃 나라 일본도 마찬가지였다. 그곳에서도 환경 단체, 정부 기관이 나서서 영화 관람을 촉구했다.

사실 환경 단체 등이 이렇게 「투모로우」에 열광했던 일은 이해할 만하다. 환경 파괴가 초래하는 문제가 갈수록 심각한 양상으로 나타나는데도 시민, 정부, 기업의 대응은 굼뜨기 때문이다. 환경 단체 등은 이런 분위기를 반전하려면 때로는 대중에게 '겁'을 주는 것도 필요하리라는 생각을 했을 것이다. 설사 황당무계한 할리우드 영화의 힘을 빌려서라도 말이다.

이런 모습을 보면서 여러 가지 생각이 꼬리에 꼬리를 물었다. 이런 대응이 과연 환경 문제를 둘러싼 상황을 바꾸는 데 도움이 될까? 혹시 이렇게 '겁주기'를 즐기다 자칫하면 환경 단체 등이 '양치기 소년'의 비참한 운명을 맞지는 않을까? 아나나 다를까, 2010년 벽두부터 지구 온난화가 초래할 기후 변화를 걱정하는 이들에게 반갑지 않은 소식이 전해졌다.

'기후 변화에 관한 정부 간 패널(Intergovernmental Panel on Climate Change, IPCC)'이 2007년 발표한 보고서에 실린 한 예측(2035년이면 히말라야 빙하가 사라진다.)의 근거가 빈약한 사실이 확인된 것이다. 히말라야 빙하의 변화를 연구하는 한 과학자의 개인적인 의견이 제대로 걸러지지 않은 채, IPCC의 보고서에 실리면서 벌어진 일이었다.

한때 전체 보고서에 실린 내용 중에서 아주 지엽적인 이 사실을 크게 보도했던 언론은 금세 태도를 바꿔서 IPCC에 소속된 과학자와 지구 온난화를 주장해 온 이들을 비판하기 시작했다. 일부 선정적인 언론은 히말라야 빙하 외에도 지구 온난화를 지지하는 다른 주장도 '사기'일지 모른다는 '아니면 말고' 식의 의혹도 제기했다.

IPCC가 '실수'라고 해명을 한 데다, 실제로 히말라야 빙하가 녹을 가능성을 배제할 수 없음에도 불구하고, 대중의 의심은 사그라지지 않았다. 시간이 지나면 이번 일은 단순한 해프닝으로 기록될 것이다. 그러나 앞으로도 이런 일은 언제든지 반복될 수 있다. 지구 온난화가 초래하는 기후 변화는 말 그대로 '불확실한' 문제이기 때문이다.

양치기 소년이 되지 않으면서 지구 온난화와 같은 환경 문제에 어떻게 대응해야 할까? 질문에 제대로 답하려면, "늑대가 나타났다!" 하고 크게 외치기 전에 먼저 '불확실성의 문제'를 고민해야 한다.

| '정말로' 불편한 진실 |

가끔 지구 온난화의 진실을 묻는 사람을 많이 접한다. 이런 질문을 접할 때마다 지구 온난화를 '사기'로 만들려고 노력해 온 일부 언론의 영향력이 얼마나 큰지 새삼 실감한다. 왜냐하면 앨 고어가 인용해서 유명해진《사이언스》의 도널드 케네디의 말처럼 "과학계에서 지구 온난화만큼 완벽하게 의견이 일치한 주제를 찾기란 거의 불가능하기" 때문이다.

캘리포니아 대학교의 나오미 오레스크스는 지난 2004년《사이언스》에 실린 논문(Beyond the Ivory Tower: The Scientific Consensus on Climate Change)에서 1993년부터 2003년까지의 기간 동안에 출간된 1000편에 달하는 기후 변화에 관한 논문을 검토하고 나서 이렇게 말했다. "정치가, 경제학자, 기자를 비롯한 다른 여러 사람들은 과학자들 사이에 혼란이나 불화가 있다는 인상을 받고 있을지 모르지만, 그런 인상은 옳지 않다."

실제로 다음 세 가지 사실을 놓고는 과학계에서 이견을 찾기란 거의 불가능하다. 첫째, 지난 100년간 지구의 기온이 0.6도 올라갔다. 둘째, 지구를 데우는 온실 기체의 농도가 지난 42만 년 동안 그 어느 때보다 높다. 셋째, 이렇게 온실 기체의 농도가 높아진 이유는 바로 인간의 활동 탓이다.

물론 이런 사실을 놓고도 왈가왈부하는 이들이 있다. 국내에도 소개된 『지구 온난화에 속지 마라(*Unstoppable Global Warming*)』를 쓴 시그프리드 프레드릭 싱어나 그의 '단짝' 패트릭 마이클스 등은 100년간 지구의 기온이 올라간 사실을 놓고 늘 변하기 마련인 지구 기후 변화일 뿐이라고 주장한다.

그러나 이런 주장에 귀를 기울이는 이들은 석유 기업이 고용한 홍보업자나 이들이 써 주는 보도 자료에 의존해 기사를 작성하는 기자뿐이다. 사실 싱어, 마이클스 등은 수십만 달러를 석유, 석탄 기업으로부터 받아 왔다.《뉴욕 타임스》가 공개한 석유 기업이 돈을 대는 미국 석유 연구소의 홍보 담당자의 비망록을 보면 그 유착의 실상을 알 수 있다.

새로운 얼굴이 필요했다. 산업계가 오랫동안 활용해 온 과학계의 앞잡이들—패트릭 마이클스, 로버트 볼링, 셔우드 이드소, 시그프리드 프레드릭 싱어—이 기자에게 신뢰를 잃었기 때문이다. 비망록은 2년 동안 500만 달러를 들여 "우리의 것과 일치된 과학적 견해가 의회, 언론, 주요

청중에게 미치는 영향을 최대로 끌어 올리자."라고 제안했다.'[1]

  싱어의 책 외에도 이른바 '회의주의자'의 주장을 담은 책이 소개
된 적이 있다. 그 중 가장 유명한 책이 비욘 롬보크가 쓴 『회의적 환
경주의자(*The Skeptical Environmentalist*)』이다. 그러나 정작 롬보크도 앞
에서 지적한 사실을 부정하는 무모함을 보이지는 않았다. 그는 환
경을 다룬 대다수 연구가 "대체로 균형 잡혀 있다."라고 실토했다.
  이처럼 우리는 우주로 나가려는 열을 잡아채 지구를 열 받게 하
는 이산화탄소(CO_2), 메탄(CH_4) 등과 같은 온실 기체의 대기 중 농도
가, 이른바 산업 혁명이 본격화한 18세기 말과 19세기 초부터 갑자
기 상승해 지난 200년간 약 50퍼센트 높아진 사실을 알고 있다. 그
리고 이런 온실 기체가 지난 100년간의 지구 기온 상승에 영향을
줬으리라고 믿는다.
  그러나 과학자들이 합의한 사실은 딱 여기까지다. 이렇게 증가
한 온실 기체가 앞으로 지구를 얼마나 더 열 받게 할지, 또 그렇게
열 받은 지구가 어떤 행동을 보일지는 아무도 모른다. 물론 전 세계
의 내로라하는 과학자가 연구한 갖가지 시나리오가 존재한다. 그
러나 시나리오는 말 그대로 시나리오일 뿐이다. 그중 가장 정교한
시나리오도 허점투성이다.
  2010년 연초부터 추문에 휩싸인 IPCC가 2007년 발표한 보고서

•1 『거짓 나침반(*Trust Us, We're Experts!*)』, 406쪽

를 토대로 유럽 연합(EU)을 비롯한 선진국은 100년 이내에 지구의 평균 기온 상승을 2.5도 이내로 억제하도록 노력하기로 했다. 이런 결정에는 IPCC의 시나리오를 염두에 두면 2~3도의 기온 상승은 인류가 감수할 수 있으리라는 가정이 깔려 있다.

그러나 이런 가정은 희망 사항일 뿐이다. 우리는 일기 예보가 틀릴 때마다 기상청을 상대로 뭇매를 때린다. 그러나 일기 예보가 틀리는 사정은 미국, 유럽, 일본과 같은 선진국도 크게 다르지 않다. 선진국에서도 사흘만 벗어나면 일기 예보의 정확도가 크게 떨어진다. 이런 기상청의 수난이야말로 기후 변화 예측이 얼마나 어려운지를 보여 주는 증거이다.

이렇게 특정 지역에서 며칠 후에 일어날 기후 변화도 예측하기 어려운 상황에서 과연 지구 전체에서 수십 년 후에 일어날 기후 변화를 정확히 예측하는 게 가능할까? 이 때문에 내로라하는 과학자의 엄밀한 과학 논문에서 불확실한 추측을 나타내는 표현, 예를 들면 'might'와 같은 것이 빈번하게 등장한다.

이런 사정을 염두에 두면 2050년까지 전 세계의 온실 기체 배출량을 1990년과 비교했을 때 50퍼센트 가까이 줄인다고 해서 앞으로 100년간의 기온 상승을 2~3도로 잡을 수 있을지, 또 그런 기온 상승이 과연 기대대로 견딜 만한 기후 변화로 끝날지 아무도 확실한 보증할 수 없다. 물론 현재 상태라면 그런 목표조차도 달성 못할 가능성이 크지만 말이다.

더구나 이 시나리오는 또 다른 큰 문제가 있다. 이 시나리오는 철저히 북반구 선진국의 이해 관계에 초점이 맞춰져 있다. 만약 기온 상승이 100년간 2~3도 정도로 제한되고, 그것이 초래할 기후 변화가 극적이지 않다면 북반구 선진국은 (IPCC의 시나리오대로라면) 기후 변화에 그럭저럭 적응할 수 있을 것이다.

그러나 남반구 후진국은 상황이 다르다. 기후 변화를 놓고 현재까지 나온 수많은 시나리오들은 공통적으로 적도 근처의 후진국이 기후 변화의 가장 큰 피해자라고 전망한다. 선진국에서 내뿜은 온실 기체가 초래하는 여러 가지 문제를 산업 혁명의 혜택을 한번도 누리지 못한 후진국이 고스란히 뒤집어쓰는 지극히 '부정의'한 상황을 초래하는 것이다.

이런 예는 한두 가지가 아니다. 기후 변화에 대응한다면서 선진국은 남아메리카의 아마존 강 인근의 열대 우림 보호를 외치면서, 브라질과 같은 나라를 압박한다. 선진국 시민의 수브(SUV, Sports Utility Vehicle)가 내뿜는 온실 기체는 열대 우림 파괴만큼이나 심각한 문제를 초래한다. 그러나 수브의 규제는 뒷전이다.

이처럼 기후 변화를 둘러싼 불확실성은 과학뿐만 아니라 정치, 경제, 사회를 넘나드는 여러 가지 문제를 제기한다. 이런 복잡한 상황을 염두에 두지 않고 불완전하기 짝이 없는 과학자의 시나리오를 마치 '신의 계시'처럼 신봉하는 상황은 분명히 잘못되었다. 인류의 미래를 한 줌도 안 되는 과학자와 그들의 컴퓨터가 만들어 낸 시나리오에 의존하는 게 과연 정상적인가? 이런 상황은 분명히 과학자들도 원하지 않을 것이다.

| 낙관론자 vs. 비관론자 |

이상하다. 지구 온난화에 따른 기후 변화를 걱정하면서도 우리는 여전히 온실 기체를 배출하는 석유, 석탄과 같은 화석 연료에 의존해서 살아간다. 그렇다면, 화석 연료에 의존하는 삶은 계속될 수 있을까? 여기서 잠시 기후 변화와 같은 '불확실한' 문제는 잊고 좀 더 확실해 보이는 것부터 살펴보자. 바로 석유와 같은 자원 고갈 문제이다.

국내에서는 거의 알려져 있지 않지만 전 세계에서는 '석유 생산 정점(Peak Oil)'을 둘러싼 논의가 한창이다. 2010년 1월 현재 구글(www.google.com)에서 'Peak Oil'로 검색되는 문서는 무려 1540만 건이나 된다. 한국어 웹사이트에서 같은 검색어로 찾아보면 고작 약 1만 4300건 정도가 나오는 것과 크게 대비된다.

석유 생산 정점은 전 세계 채굴 가능 석유의 생산량이 정점에 도달하는 시점을 가리킨다. 석유 생산 정점은 특정한 입장에 기초한 주장이 아니다. 석유가 '유한한 자원'이라는 걸 인정한다면, 석유 생산 정점은 언젠가는 도래할 수밖에 없는 현상이다. 좀 더 알기 쉽게, 석유 생산 정점을 냉장고에 들어 있는 맥주로 설명을 해 보자.

석유 매장량이 세 번째로 많은 나라로 꼽히는 이라크의 석유 매장량은 1000억 배럴 정도다. 이를 맥주 한 병에 전부 다 담았다고 치자. 지구라는 석유 냉장고에는 이런 맥주가 모두 19병(1조 9000억 배럴)이 있었다. 인류는 그동안 이 맥주를 한 병, 한 병씩 꺼내서 마셔

버리고, 이제 10병째를 마시고 있다. 바로 이 순간이 석유 생산 정점이다.

아직도 9병이 남아 있으니 괜찮지 않을까? 현실은 그렇게 간단치 않다. 다시 냉장고 비유로 돌아가자. 우선 냉장고의 맥주에 눈독을 들이는 사람이 갈수록 많아지고 있다. 앞서 10병을 비울 때까지는 맥주 맛을 아는 사람이 별로 없었는데, 지금은 너도나도 조금만 더워도 냉장고에 손을 집어넣어 맥주를 찾는다.

실제로 지금 인류가 1년 동안 사용하는 석유의 양은 약 300억 배럴 정도다. 이라크에 매장된 석유로는 채 4년도 버티지 못한다. 앞으로 러시아, 브라질, 인도, 중국, 타이, 터키 사람들이 자동차와 같은 석유 문명의 혜택을 누리기 시작하면 연간 석유 소비량은 더욱더 늘어날 것이다. 이런 사정을 염두에 두면 남은 맥주 9병을 마셔서 없애는 시간은 지금까지보다 훨씬 더 줄어들 것이다.

더 심각한 문제도 있다. 냉장고에 남아 있는 맥주를 너도나도 찾다 보면 결국 싸움이 나기 마련이다. 싸움의 결과는 뻔하다. 결국 좀더 힘 센 사람이 맥주를 마시게 될 것이다. 석유를 둘러싼 상황도 똑같다. 석유를 확보하려는 각국의 경쟁이 최고조에 달하면 전쟁과 같은 갈등이 발생할 수 있고, 승자는 정해져 있다. 실제로 지난 2003년 석연치 않은 이유로 이라크를 침공한 미국은 바그다드를 점령하자마자 석유부를 제일 먼저 접수했다.

냉장고에 남아 있는 맥주 9병을 마시는 게 녹록지 않은 이유는 또 있다. 지금까지는 냉장고 문을 열자마자 쉽게 맥주 10병을 꺼내서 마실 수 있었다. 그러나 남아 있는 9병은 냉장고 안에 들어 있기는 하지만 다른 먹을거리에 가려서 얼른 찾기가 쉽지 않다. 손을 깊숙이 집어넣어서 한참 헤집은 다음에야 겨우 찾을 수 있다.

땅속의 석유도 그렇다. 석유 생산량은 수십 년 동안 일정한 양을 유지하다가 갑자기 0으로 떨어지는 것이 아니라, 최대치에 도달한 후 서서히 줄어드는 종 모양을 그린다. 이렇게 종 모양을 그리는 데는 몇 가지 이유가 있다. 우선 석유를 생산하는 유정의 생산량 추이를 살펴보자. 하나의 유전에서 석유를 생산할 경우 처음에는 땅속의 압력이 대단히 크기 때문에 유정으로부터 저절로 석유가 솟구쳐 올라온다. 그러나 점점 많은 석유를 뽑아내면, 압력이 줄어들어 석유 생산량도 줄어든다.

다른 이유도 있다. 지난 100년간 인류는 석유를 쉽게 발견해서, 싸게 생산할 수 있었다. 냉장고의 맨 앞에 줄지어 있는 맥주와 같은 석유는 앞으로는 기대하기 어렵다. 앞으로는 땅속에 남아 있는 석유를 발견하기도 어려울 뿐만 아니라, 설사 발견하더라도 생산하는 데 비용, 자원이 지금보다 훨씬 더 많이 들 것이다. 만약 1배럴을 캐내는 데 1배럴 이상의 대가를 치러야 한다면 그 석유는 자원으로서의 가치가 없다.

그렇다면 이런 석유 생산 정점이 오는 시점은 언제일까? 석유 생산 정점을 일찌감치 경고해 온 전 세계 지식인의 모임인 ASPO(The Association for the Study of Peak Oil & Gas)는 바로 올해, 2010년을 전후한 시점을 꼽는다. 이들의 주장을 곧이곧대로 듣는다면 지금 우리는 석유 생산 정점을 지나며 '석유 시대'의 황혼을 맞고 있다.

　그러나 이런 주장에 코웃음을 치는 이들이 있다. 이들은 석유 생산 정점의 시기를 50년 후로 늦춰 잡는다. 이들은 냉장고에 최대한 맥주 20병(약 2조 배럴)을 더 채울 수 있으리라고 낙관한다. ASPO가 많아야 2병(2000억 배럴)이라고 장담하는 것과 극과 극이다. 둘 중 누가 더 진실에 가까울까?

　현재까지는 아무래도 비관론자의 주장에 더 호감이 간다. 우선 미국의 에너지부가 "석유 생산 정점이 2020년을 넘기지 않을 것"이라며 대책 마련을 촉구했다. 미국의 에너지부는 2005년 2월 발표한 석유 생산 정점에 관한 보고서에서 "석유 생산 정점이 오기 최소한 10년 전에는 대책을 강구해야 할 것"이라고 못 박았다.

　최근 들어서는 국제 에너지 기구(International Energy Agency, IEA)도 부쩍 비관론에 힘을 실어 주고 있다. IEA에서 석유 수요, 공급 전망 분석을 주도해 온 국제 에너지 문제 전문가이자 경제학자인 페이스 바이럴의 경고는 대표적인 예이다. 그는 석유 생산 정점이 향후 10년 이내에 찾아올 것이라고 경고하고 나섰다.

　그가 이렇게 경고한 데는 다 이유가 있다. 지금 인류가 1년 동안 새로 발견한 석유는 고작 100억 배럴 정도다. 1년에 인류가 사용하는 양의 3분의 1 수준이다. 과거에는 석유 기업이 석유 가격을 유지하고자 석유 발견 사실을 숨기기도 했다. 그러나 석유 매장 정보가 공유되는 오늘날은 이런 꼼수를 부리기도 쉽지 않다.

　실제로 IEA가 최근 800곳이 넘는 유전을 조사한 결과, 세계 주요 유전의 생산량 감소 속도가 2년 전과 비교했을 때 두 배 가까이 빨라지고 있다. 이것은 이런 세계 주요 유전이 이미 석유 생산 정점을 지났을 가능성을 제기한다. 바이럴은 한 언론과의 인터뷰에서 이렇게 말했다. "석유가 우리를 버리기 전에 우리가 석유를 떠날 준비를 해야 한다."

물론 석유 생산 정점이 언제 올지는 여전히 불확실하다. 그러나 지구의 기후 변화보다는 석유의 생산 변화를 예측하는 게 좀 더 쉽다는 사정을 염두에 둔다면, 인류는 지구 온난화에 따른 기후 변화에 대한 관심만큼 석유 생산 정점에 대비하는 노력이 필요하다. 더구나 운이 좋게도 이 두 문제에 대응하는 것은 상호 보완적이다.

앞에서 잠시 선진국 시민의 수브 규제를 언급했다. 일상 생활에서 배출하는 온실 기체의 40퍼센트가 바로 수브와 같은 자동차에서 나온다. IPCC를 비롯한 모든 시나리오는 일상 생활에서 석유를 퇴출하려는 노력이 전 세계적으로 전개되고 나서야 대기 중으로 내뿜는 온실 기체 배출량이 극적으로 줄어드리라고 전망한다.

최악이든 최선이든 지구 온난화가 초래하는 기후 변화 시나리오가 현실이 된다면, 또 그런 시나리오가 예측하는 미래에 대비한다면, 그것의 원인이 되는 온실 기체를 배출하는 석유야말로 제일 먼저 철퇴를 맞아야 할 자원이다. 이런 상황을 염두에 두면 석유는 불확실하다고 여겨지는 그것의 고갈 시기와 상관없이 강제로 퇴장당해야 마땅하다.

| 대안은 원자력뿐이야!? |

이런 이야기를 쭉 늘어놓고 나면 이렇게 말하는 사람들이 있다. "아무리 생각해도, 대안은 원자력 에너지뿐이야!" 애초부터 원자력 에너지를 옹호했던 사람뿐만이 아니다. 그간 환경 운동의 편이라 여겨졌던 제임스 에프라임 러브록, 마크 라이너스와 같은 이들까지 원자력 에너지에 대한 노골적인 호감을 표시하고 있다.

러브록, 라이너스 등이 입장을 바꾼 중요한 계기는 바로 지구 온난화에 따른 기후 변화의 위험이다. 이들의 입장은 간단하다. "온실 기체 방출이 없는 원자력 에너지는 (여전히 위험하기는 하지만) 예전과 달리 (불확실하지만) 사고 발생 위험이 크게 줄어들었기 때문에 지구 온난화를 막는 가장 효과적인 방법이다."

"전 세계에 수천 기의 원자력 발전소를 짓자."라고 주장하는 러브록은 태양 에너지와 같은 재생 가능 에너지를 놓고도 이렇게 지청구를 놓았다. "한때는 재생 가능 에너지를 믿었지만, 그것은 잘못된 생각이었다." 그러나 과연 이 불확실한 세상에서 원자력 에너지가 대안일까? 결론부터 말하자면, 원자력 에너지는 절대로 대안이 될 수 없다.

일단 질문을 하나 던져 보자. 지금 전 세계 소비 에너지 중에서 원자력 에너지가 차지하는 비중이 얼마나 될까? 놀랍게도 채 5퍼센트가 안 된다. 그나마 이런 비중도 전체 에너지 소비에서 원자력 에너지 소비가 15퍼센트나 되는 한국과 같은 나라가 있기 때문이다. 이게 바로 1956년 영국에서 첫 상업 발전을 시작한 지 50년이 지난 원자력 에너지의 '초라한 성적표'다.

전체 에너지 소비에서 원자력 에너지의 비중이 낮은 데는 다 이 유가 있다. 잘 알다시피 원자력 발전소에서는 전기를 생산한다. 그러나 전기는 우리가 사용하는 수많은 형태의 에너지 중 한 가지일 뿐이다. 당장 우리가 일상 생활에서 배출하는 온실 기체의 절반 가까이를 차지하는 자동차(40퍼센트), 비행기(6퍼센트)와 같은 교통 수단은 전기 대신 석유를 사용한다.

원자력 에너지의 비중이 낮은 이유는 또 있다. 원자력 발전소 부지를 선정해 짓는 게 쉽지 않다. 원자력 발전소가 아무리 예전보다 사고 발생 위험이 줄었다지만, 대중의 반감은 여전하다. 미국, 유럽은 물론이고 한국에서 평소에 원자력 발전소의 필요성을 역설하던 사람도, 자기 동네에 그것을 짓는다면 머리띠를 묶고 거리로 나설 것이다.

이른바 '원자력 르네상스'를 선도해 온 미국의 상황은 반면교사다. 미국은 전 세계에서 가장 많은 104기의 원자력 발전소를 돌리고 있다. 그러나 미국의 원자력 업계는 1979년 스리마일 섬 원자력 발전소 사고 이후 신규 주문이 없어서 사실상 폐업 상태다. 앞으로 원자력 발전소 건설 시도는 세계 곳곳에서 있을 테지만, 그것이 순조롭게 진행될 가능성은 거의 없다.

원자력 에너지의 비중이 낮은 마지막 이유는 바로 폐기물 때문이다. 원자력 발전소를 상업 가동한 지 반세기가 지났지만 전 세계 어느 나라도 사용 후 핵연료와 같은 고준위 방사성 폐기물을 영구 처리할 시설을 갖추지 못했다. 고준위 방사성 폐기물 처리장이 들어서지 못한 이유는 간단하다. 이 폐기물이 극도로 위험하기 때문이다. (경주에 들어서는 시설은 고준위 방사성 폐기물 처리장이 아니다.)

고준위 방사성 폐기물에 포함된 우라늄, 플루토늄은 최소한 약 2만 년 이상 자연과 격리해야 한다. 2만 년이 얼마나 긴 시간인지 잘 보여 주는 예가 있다. 방사성 폐기물 처분장을 추진하는 이들은 도대체 "이곳은 위험하다.", 이런 경고 표지판을 어떻게 세울지를 놓고 고민 중이다.

이런 고민은 당연하다. 언어는 500년 정도만 지나면 거의 이해하지 못할 정도로 변하는데, 고준위 방사성 폐기물의 위험은 거의 변화가 없기 때문이다. 더구나 이 언어를 어떤 식으로 새길지도 고민이다. 최소한 1만 년 이상 풍화 작용을 견디면서 제 구실을 할 수 있는 경고 표지판을 우리는 과연 만들 수 있을까? 원자력 발전소는 이처럼 끊임없이 '무한 도전'을 부추긴다.

마지막으로 한 가지만 더 확인하자. 원자력 발전소는 여전히 위험하다. 2001년부터 2009년까지 일곱 편의 이야기로 대중의 시선을 모은 미국 드라마 「24」가 있다. 최근에 한국에서 인기를 끌었던 「아이리스」의 원조격인 드라마다. 이 드라마는 매 이야기마다 가능한 모든 테러 상황을 그려서 주인공을 수난으로 몰아넣는다.

이 드라마 전체에 걸쳐서 가장 많은 회수의 테러는 바로 핵공격이다. (이 글을 쓰는 2010년 1월 현재 미국에서는 여덟 번째 이야기가 진행 중이다. 이번에도 핵공격이다.) 특히 다섯 번째 이야기는 원자력 발전소가 테러리스트의 손에 들어갔을 때 얼마나 끔찍한 핵무기로 돌변하는지 실감나게 보여 준다. 드라마일 뿐이라고? 2003년 MIT, 하버드 대학교의 아홉 명의 연구자는 공동으로 「원자력 발전의 미래(The Future of Nuclear Power)」라는 보고서를 펴냈다.

원자력 에너지를 옹호하는 이 보고서에서 눈에 띄는 부분이 있다. 이 보고서는 "사고 발생 위험은 줄었지만 핵연료의 수송, 원자력 발전소 테러 등에 대비해야 할 것"이라고 경고했다. 심심찮게 유럽의 환경 운동가들이 비무장으로 원자력 발전소에 잠입해 깃발을 꽂는 것도 바로 이런 위험을 경고하기 위해서다. 아쉽게도 우리에겐 「24」의 영웅 잭 바우어가 없다. (그러고 보니 서울의 광화문 일대를 초토화할 목적으로 「아이리스」에서 테러리스트들이 사용하는 수단도 핵공격이었다.)

이처럼 원자력 에너지로는 기후 변화를 막을 수 없다. 오죽하면 러브록과 같은 이가 원자력 발전소를 지어서 지구 온난화에 대응하자고 떠들고 다니자, 국제 원자력 기구(IAEA)가 나서서 "원자력 발전이 앞으로 25년간 지금보다 70퍼센트 정도 증가한다고 하더라도, 화석 연료 등에서 배출하는 온실 기체는 여전해 지구 온난화를 막는 데는 별 효과가 없다."라고 해명했겠는가.

지금까지 나열한 사실은 비밀이 아니다. 미국, 유럽을 비롯한 세계 각국은 이런 사실을 잘 알고 있다. 그래서 이들은 원자력 발전소 대신 태양 에너지, 풍력 에너지와 같은 '미래 에너지'를 선점하고자 치열하게 경쟁 중이다. 한때 원자력 발전소를 곁눈질했던 중국도 요즘엔 그것보다는 태양 에너지, 풍력 에너지에 더 신경을 쓰고 있다. 이미 충분한 핵폭탄(핵물질)을 보유한 이 국가들에게 원자력 발전소는 애물단지일 뿐이다.

이런 상황에서 한국이 뒤늦게 원자력 발전소 전도사 역할에 나섰다. 당장 한두 번은 원자력 발전소 건설 사업을 몇 건 따낼지도 모른다. 그러나 장담하건대, 이런 분위기는 오래 갈 수 없다. 미래 에너지로의 전환에 성공한 강대국들이 당장 원자력 발전소 퇴출을 목소리 높일 것이기 때문이다. 수십 년 후에 한국은 예전에 그랬던 것처럼 선진국에 미래 에너지의 원천 기술을 구걸하는 처지로 전락할 것이다.

이미 우리는 답을 알고 있다!

앞에서 지구 온난화가 초래하는 기후 변화를 둘러싼 상황이 얼마나 복잡한지 살펴보았다. 이런 복잡한 문제를 앞에 놓고 어떻게 대응해야 할까? 사실 이미 우리는 대답을 알고 있다.

첫째, 위험에 대비하라! 우리는 일상 생활에서 혹시 닥칠지 모르는 위험을 여러 가지 수단을 통해서 대비한다. 부정확한 일기 예보를 탓하면서도 비 올 확률이 50퍼센트만 넘어도 우산을 가지고 출근한다. 또 신종 플루 백신을 기피하는 현상에서 알 수 있듯이 부작용이 있는 약은 설사 효과가 크다고 하더라도 가능하면 복용하는 것을 꺼린다.

앞에서 살펴본 문제도 이런 일상 생활의 문제와 크게 다르지 않다. 지구 온난화를 둘러싼 기후 변화는 불확실성이 크다. 그러나 그 주장의 배경이 의심스러운 몇몇 극소수 과학자의 말대로 불확실성이 해소되기를 기다리기에는 위험도 크다. 더구나 앞에서 살펴봤듯이 지구 기후 변화를 둘러싼 불확실성이 해소될 가능성은 아주 낮다.

회의주의자들은 이렇게 불확실성이 많기 때문에 아무런 행동을 취할 필요가 없다, 이렇게 주장한다. 그러나 정반대로 생각할 수도 있다. 어쩌면 IPCC와 같은 그들이 주류라고 부르는 과학자들의 예상보다 지구 온난화가 초래하는 기후 변화가 훨씬 더 극적으로 나타날 수도 있다. 왜냐하면, 그들의 말대로 지구 온난화가 초래하는 기후 변화는 불확실하기 때문이다.

그렇다면, 굳이 과학자의 불확실한 시나리오가 없더라도 시민의 합의에 따라서 '석유 없는 삶'을 실천에 옮기는 것과 같은 행동을 당장 취할 수 있을 것이다. 더구나 앞에서 살펴봤듯이 이렇게 온실 기체를 줄이는 행동은 또 다른 불확실한 재앙인 석유 고갈 사태에도 대비할 수 있는 효과적인 방법이다. 이 과정에서 과학자의 축적된 연구 결과는 좋은 참고 사항 정도로 고려될 수 있을 것이다.

이런 대응이 바로 '사전 예방 원칙(precautionary principle)'이다. 우리가 이렇게 사전 예방 원칙을 선택한다면, 이제 지구 온난화가 초래하는 기후 변화 문제를 해결하는 과정을 시민이 주도할 수 있다. 일단 시민이 그 과정을 주도한다면 과학자의 시나리오만 바라보는 것보다 훨씬 더 다양한 대응을 선택할 가능성이 열린다.

물론 이런 시민의 합의에 바탕을 둔 결정은 틀릴 수 있다. 시민들은 과학자의 가장 비관적인 시나리오보다 더 급진적 변화를 선택할 수도 있다. 그러나 이렇게 시민의 합의에 따른 결정이 설사 틀렸다고 하더라도 그것을 받아들이는 것이야말로 민주주의의 핵심이다. 이런 시행착오를 통해서 인류는 앞으로 좀 더 나은 공동의 결정을 내릴 수 있을 것이다.

몇몇 회의주의자들이 비아냥거리는 것처럼 수십 년이 지났을 때, 후손은 이런 사전 예방 원칙을 선택한 선조를 조롱할 수도 있다. 그러나 우리가 아무런 행동도 하지 않았을 때, (현대 과학 기술을 둘러싼 많은 문제가 그렇듯이) 지구 온난화에 따른 기후 변화가 가장 비관적 시나리오로 전개되면 어떻게 할 것인가? 그 피해는 온전히 회의주의자들의 후손을 포함한 다음 세대의 몫이 될 것이다.

둘째, 위험을 분산하라! 우리는 일상 생활에서 불확실한 미래가 야기하는 위험을 회피하고자 갖가지 대응을 해왔다. 병이 걸렸을 때 비교적 적은 비용으로 양질의 진료를 받을 수 있도록 마련해 놓은 국민 건강 보험은 좋은 예다. 또 사람들은 여윳돈을 기대 수익은 낮지만 위험은 적은 예금과 기대 수익은 높지만 위험은 큰 증권에 나눠서 투자한다.

이렇게 위험을 분산하는 방법은 언제나 유효하다. 앞에서 살펴봤듯이 화석 연료를 태울 때 나오는 온실 기체가 지구를 데운다. (회의주의자의 주장을 최대한 수용한다면) 이 온실 기체의 영향이 기후 변화에 미칠 영향은 미미할 수도 있다. 그러나 여러 차례 강조했듯이 만에 하나 그 영향이 인류가 감당할 수 없을 정도로 크다면 어떻게 할 것 인가?

더구나 아무리 길게 잡아도 수십 년 안에 석유 고갈 사태가 찾아 오는 게 확실하다면 미리 '석유 없는 삶'을 준비하는 것은 당연히 현명한 선택이다. 거기다 우리는 당장 화석 연료 '제로(0)'를 선택할 정도는 아니지만, 최소한 화석 연료의 소비를 줄이는 데 도움을 줄 수 있는 여러 가지 방법을 가지고 있다. 앞으로 우리가 이런 길을 선 택한다면 그 방법은 더욱더 많아질 것이다.

이런 사정을 염두에 두면 실천에 옮기는 일만 남았다. 우선 화석 연료를 대신할 수 있는 모든 수단을 활용하자. 태양 에너지, 풍력 에 너지, 이산화탄소보다 스무 배나 더 강력한 온실 기체로 대기 중에 자리 잡을 똥·오줌·쓰레기를 썩힐 때 나오는 메탄, 그냥 두면 썩어 서 없어지는 나무 자투리 등이 모두 다 화석 연료를 대신해 난방, 전기를 해결할 에너지원이 될 수 있다.

지역 여건에 따라서는 폐식용유, 대두·종려·유채·자트로파 등 에서 얻은 식물 기름, 밀·보리·사탕수수·옥수수 등을 발효해서 얻은 에탄올 등의 식물 연료가 당장 자동차의 석유 연료(경유, 휘발유) 를 대체할 수 있다. 이렇게 식물 연료가 시간을 버는 동안 인류는 지금과는 다른 방식의 연료 체계를 가진 수송 수단을 만들 수 있 을 것이다.

물론 원자력 에너지도 쓸모가 있다. 태양, 풍력 에너지 등이 자리를 잡을 때까지 기존에 만들어 놓은 원자력 발전소는 앞으로 수십 년간 여전히 전기를 생산하는 데 한몫을 할 것이다. 다만 원자력 발전소의 역할은 딱 거기까지이다. 원자력 발전소는 하나둘 폐기될 것이다. 물론 인류는 그때까지 그것을 영구 처분할 방법을 찾는 숙제를 해결해야 할 테고.

셋째, 서로 연대하라! 인류는 혼자서 감당하기에는 대부분의 위험이 너무 치명적이라는 사실을 본능적으로 알았다. 진화 과정에서 인류가 고안해 낸 갖가지 공동체는 이렇게 위험으로부터 자신을 보호하려는 가장 효과적인 수단이었다. 앞에서 열거한 문제들 즉, 기후 변화, 석유 고갈 등과 같은 위험 역시 그것과 별반 다르지 않다.

수차례 강조했듯이 기후 변화, 석유 고갈 사태는 심각한 정치, 경제, 사회, 문화 문제를 제기한다. 한번 생각해 보자. 인류가 태양, 풍력 에너지 등과 같은 재생 가능 에너지로 전기를 생산하기로 결정을 내린다면 당장 우리의 이웃 중 몇몇은 일자리를 잃는다. 바로 화석 연료를 이용한 화력 발전소에 근무하는 노동자들이다.

장기적으로는 석유 기업에서 원유 정제 공장에서 일하는 많은 노동자도 일자리를 잃게 될 것이다. 기름을 낭비하는 수브를 주로 생산해 온 자동차 공장에서 일하던 노동자도 일터에서 쫓겨나는 것은 시간 문제다. 수십 년간에 걸쳐서 원자력 발전소를 폐기하기로 한다면, 그간 원자력 발전소에 근무하던 노동자들은 어떻게 할 것인가?

　우리는 기후 변화, 석유 고갈 사태에 대비할 때, 이렇게 그 대응으로 피해를 볼 이웃의 처지까지 염두에 둬야 한다. 그런 이들과 머리를 맞대고 피해를 최소화할 수 있는 방법을 강구하지 않을 경우, 이런 대응은 사회 갈등으로 이어질 게 뻔하다. 물론 서로 갈등하면서 시간을 보내는 동안 시의적절한 대응도 물 건너 갈 테고.

　그렇다면, 어떤 방법이 있을까? 수브를 생산하는 자동차 공장은 폐쇄하기보다는 전기와 기름을 동시에 이용하는 하이브리드 자동차를 생산하는 공장을 전환할 수 있다. 굳이 공장을 폐쇄할 경우에는 재교육을 통해서 재생 가능 에너지 산업의 일자리를 얻을 수 있도록 보장하는 방법으로 그들의 동참을 이끌어내야 할 것이다.

　이렇게 서로 연대해서 피해를 입는 이웃을 최소화하면서 '석유 없는 삶'으로 '정의롭게 전환(just transition)'할 때, 인류는 지금보다 한 차원 더 '윤리적인 동물'로 거듭날 수 있다. 사실 불확실한 세상이 우리에게 가져다주는 가장 큰 선물은, 그것을 극복하는 과정에서 우리가 잠시 잊고 살았던 사랑, 우애, 연대 등의 가치를 떠올리고 직접 실천할 수 있는 기회이다.

5

불확실한 과학과 기술

과학과 기술

김재영

김명진

주어진 특정 순간에 자연을 움직이는 모든 힘과
자연을 이루는 존재들의 각각의 상황을 다 알고
있는 어떤 지성이 이 모든 정보를 다 분석할 수
있을 만큼 뛰어나다면, 이 지성은 우주의 거대한
천체들로부터 가장 작은 원자에 이르기까지 그
운동을 같은 공식으로 포괄할 수 있을 것이며,
과거와 현재와 미래의 그 어떤 것도 불확실한 것
은 없을 것이다.

—피에르시몽 라플라스

불확실성의 과학은 어떻게 만들어졌는가?

김재영 | 이화여자대학교 HK 연구 교수

| 확실한 지식은 가능한가? |

대낮에 해가 사라지면서 깜깜한 밤처럼 되는 개기 일식은 아주 신기하고 특이한 현상이다. 고대 바빌로니아 사람들은 일찍부터 일식 현상을 기록했으며, 18년 11일 8시간이라는 사로스 주기를 잘 알고 있었기 때문에 일식을 정확히 예측할 수 있었다. 우리나라에도 일식을 관측한 기록이 매우 많이 남아 있으며, 조선 세종 때 관상감의 관리가 일식 예측에서 10여 분의 오차를 보여 곤장을 맞은 기록은 유명하다. 현대 천문학에서는 이 신기하고 특이한 현상이 언제 어디에서 일어날지 대단히 정확하게 예측할 수 있다.

이와 달리 일기 예보는 불과 한두 주 후의 날씨도 제대로 예측하지 못하는 일이 허다하다. 최고의 컴퓨터 시스템을 갖춘 기상청이 왜 며칠이나 몇 주 뒤의 날씨를 정확히 알 수 없는 것일까? 더 좋은 컴퓨터를 가져온다면 일기 예보의 확실성이 더 늘어나게 될까? 다시 말해서 더 좋은 기술은 더 확실한 지식으로 이어질까? 개기 일식에 대한 지식과 달리 일기 예보에 대한 지식은 원래부터 불확실한 것일까?

이 글에서 살펴보려 하는 주제는 과학 지식과 수학 지식의 (불)확실성이다. 확실(確實)하다는 말의 문자적 의미를 보면, 확(確)은 '돌처럼 굳고 강함.'이라는 뜻이고 실(實)은 '열매, 가득 참, 잘 익음'의 뜻이다. 따라서 확실한 지식이란 믿을 수 있고 분명하고 제대로 되어 있고 틀림없는 지식이다. 현대를 불확실성의 시대라고 말하는 사람들이라도 여전히 과학의 방법 또는 수학의 방법은 확실한 지식을 줄 수 있다고 생각하는 경우가 많다. 이러한 생각을 역사적인 흐름이라는 씨줄과 개념적인 분석이라는 날줄의 그물망 속에서 비판적으로 평가해 보려는 것이 바로 이 글의 목적이다.

다음 절에서는 확실한 지식이란 관념이 17세기 유럽에서 어떤 양상으로 전개되었는지, 그리고 그 이후 확실한 지식에 대한 추구가 어떻게 확률 개념으로 이어졌는지 살펴본다. 특히 19세기에 생물학과 물리학의 전문 분야가 형성되는 과정에 확률 개념 및 통계적 사고가 바탕이 되어 진화론과 통계 역학이 발달하게 된 맥락을 검토한다. 20세기의 양자 역학에서 핵심적인 역할을 한 하이젠베르크의 불확정성 원리에 대한 논의로 나아간다. 다음으로 수학 기초론의 문제를 괴델의 불완전성 정리를 중심으로 살펴본 뒤, 19세기의 물리 철학자 뒤엠의 이론 미결정성 논제가 지니는 함의를 간단히 논의함으로써 글을 맺는다.

| 기하학적 사유의 확실성 |

데카르트가 "나는 생각하기 때문에 존재한다(*cogito ergo sum*)."라고 말한 것은 그가 '명석하고도 판명한(*clara et distincta*)' 지식을 추구했기 때문이다. 명석하고 판명하게 인식된 것만을 따른다면 결코 틀릴 수 없다.[1] 여기에서 '명석한' 인식은 "주목하는 정신 앞에 놓여서 드러나 있는 인식"이며, '판명한' 인식은 "명석하면서도, 다른 모든 것으로부터 분리 구별되어 있어서 이미 명석한 것 이외에는 어떤 것도 그 안에 포함하고 있지 않은 인식"을 말한다.

데카르트의 말은 지식에 대한 근본적인 회의를 전제로 한다. 데카르트 당시에는 피론주의와 같은 회의주의가 상당히 심각한 영향을 미치고 있었다. 세상에 믿을 수 있는 지식이 있는가, 더 의미 있는 지식을 추구하기 위해 튼튼한 기초로 삼을 수 있는 지식은 무엇인가, 교조적인 주장을 피할 수 있는 방법은 무엇인가 하는 것이 헬레니즘 시대의 철학자 피론이 제기한 문제였다.

피론주의에 따르면, 진리와 확실성을 얻을 수 있다고 주장하는 모든 교조주의자들은 스스로도 속이고 다른 사람들도 속이는 궤변론자일 뿐이다. 세상의 모든 것은 이런 것도 아니고 저런 것도 아니다. 좋을 수도 없고 나쁠 수도 없으며, 선할 수도 없고 악할 수도 없으며, 하얗지도 않고 까맣지도 않다. 그러나 동시에 좋으면서 나

•1 『철학의 원리』 43절, 45절

뻘 수도 있고, 선하면서 악할 수도 있다. 모든 것은 이럴 수도 있고 저럴 수도 있다(*ouden mallon*). 따라서 사물의 실재는 인간의 마음에 온전히 다다를 수 없으며, 확실함은 어떤 방법으로도 얻을 수 없으므로, 지혜로운 사람이라면 어떠한 교조적 주장도 피할 것이고, 그럼으로써 진정한 행복을 찾을 수 있다. 피론의 주된 관심은 원론적으로 윤리였지만, 피론주의는 자연스럽게 확실한 지식에 대한 회의주의적 관점으로 발전한다. 피론주의는 자주 회의주의와 동의어처럼 사용된다.

17세기 유럽의 지식인들에게 피론주의의 문제는 가장 큰 화두였다. 마르틴 루터와 같은 종교 개혁주의자에 반대하는 반(反) 종교 개혁 운동의 근거 중 하나는 피론주의였다. 종교 개혁을 내세운 사람들의 중요한 전제는 모든 사람들이 이성적 판단을 통해 진리에 이를 수 있다는 것이었다. 피론주의에 따르면 이것이 가능하지 않기 때문에 결국 신의 계시와 교회의 가르침에 따르는 것이 옳다는 반 종교 개혁 운동의 주장이 설득력을 얻게 되는 것이었다. 16세기 후반, 2세기의 탁월한 피론주의자 섹스투스 엠피리쿠스의 『피론주의 개요』와 『교조주의자에 반대함』이 라틴 어로 번역되었다. 1620년에 출판된 지안프란체스코 피코의 『헛된 탐구』는 섹스투스 엠피리쿠스의 사상을 토대로 철학 전반에 대해 근본적으로 회의주의적인 관점을 전개한 저술로서, 당시 유럽 지식인들에게 커다란 반향을 불러일으켰다. 또한 인간이 올바른 지식을 결코 얻을 수 없으며 모든 분야의 지식을 의심할 수밖에 없기 때문에 관습과 종교적 규율에 따라 사는 것이 가장 행복한 것임을 주장한 미셸 몽테뉴의 사상은 17세기 프랑스에서 지대한 영향을 미치고 있었다.

　이런 지적 풍토에서 데카르트도 피론주의의 문제를 피해 갈 수는 없었고, 그가 방법적 회의를 통해 찾아낸 것은 바로 그렇게 회의하고 있는 자신의 존재였다. 사악한 존재가 내가 세상에서 보고 판단하는 모든 것을 방해해서 잘못된 것을 올바른 것으로 믿게 만들지도 모르지만, 그렇게 의심하고 있는 내가 존재한다는 것은 흔들리지 않는 진리라는 것이다. 그런 의미에서 데카르트의 말은 "나는 의심하기 때문에 존재한다(dubito ergo sum)."라고 표현하는 것이 더 올바를 것이다. 의심하는 자신의 존재가 확실하다는 점으로부터 신의 확실함과 수학적 물리학의 확실함으로 나아가는 것은 데카르트에게 자명한 논리였다.

　스피노자의 『에티카』, 즉 『윤리학』이 "기하학적 질서에 따라 증명된(Ordine geometrico demonstrata)"이라는 부제를 달고 있는 것도 마찬가지 맥락에서 이해할 수 있다. 현대의 관점에서 보면 윤리 또는 도덕을 기하학적 질서에 따라 증명한다는 것이 낯설지만, 여기에서 기하학적 질서란 다름 아니라 확실한 지식의 표본을 따라간다는 의미이다. 자신이 전개하는 주장들이 확실한 지식임을 보이기 위해서 기하학적 질서를 따랐다는 것이다.

　스피노자가 표준으로 삼았던 기하학적 질서의 모범은 에우클레이데스의 기하학이었다. 모두 13권으로 이루어진 에우클레이데스의 『원론』은 특이한 구성을 보여 준다. 5개의 공리와 10개의 무정의 용어로 이루어진 15개의 공준이 있고, 이로부터 엄격한 연역적 논증을 통해 465개의 정리들을 증명하는 형식으로 이루어져 있다.

정리로 제시된 주장들은 미리 주어진 공준을 받아들이는 한 확실하게 증명할 수 있는 지식이다. 즉 사람들이 충분히 수용할 수 있는 공준을 우선 옳다고 인정한다면 거기에서 유도되는 정리들은 그 참됨을 의심할 필요가 없는 옳은 지식이 되는 것이다. 이와 같은 지식 체계의 구성을 '공리계적 구성'이라고 한다.

기하학적 지식의 확실성은 이후 수학의 확실성으로 이어졌다. 우리가 흔히 대표적인 과학 이론이라고 생각하는 뉴턴의 역학 체계는 『자연 철학의 수학적 원리』라는 제목의 논저에서 제시되었다. 이 책은 흔히 '프린키피아(Principia)'로 약칭된다. 뉴턴의 접근이 강력한 힘을 발휘하게 되는 것은 그 논리적 전개가 기하학의 방법으로 이루어져 있기 때문이다.

『자연 철학의 수학적 원리』는 기하학적 구성으로 서술되어 있다. 공리에 해당하는 운동의 법칙(axiomata)이 3개로 제시되어 있고, 필요할 때마다 그 책에서 각 용어들이 어떤 의미로 정의되는지 명확하게 밝혀 놓았다. 주장들은 모두 명제의 형식으로 되어 있으며, 주장의 성격에 따라 예비 정리(lemma), 따름 정리(corollarium), 명제(propositio)라는 이름이 붙어 있다. 예를 들어 그림 1은 케플러의 둘째 법칙에 해당하는 내용이 담긴 페이지인데, 그 정리는 공리와 정의들로부터 기하학적인 연역 과정을 통해 증명된다.

『자연 철학의 수학적 원리』가 이미 알려져 있는 법칙이나 주장

들을 연역적 증명으로 확인하
는 데 그쳤더라면, 뉴턴의 영
향력이 그렇게까지 커지지는
않았을 것이다. 뉴턴의 이론은
구체적이면서도 설명하기 힘
든 현상에 아주 잘 맞아떨어
졌다. 가령 영국의 제2대 왕실
천문학자 에드먼드 핼리는 『혜
성 천문학 개요』(1705년)에서 자
신이 1682년에 관측한 혜성이
1305년, 1380년, 1456년, 1531
년, 1607년에 나타난 혜성과

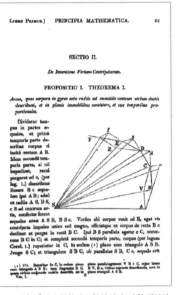

그림 1 『자연 철학의 수학적 원리』의 한 페이지.

같은 것이며, 1758년에 다시 나타날 것이라고 예측했다. 이 주장은
10여 년 동안 혜성의 궤도와 운동을 연구한 결과였으며, 뉴턴의 이
론을 기반으로 한 것이었다. 혜성이 한번 지구를 스쳐 지나가는 것
이 아니라 아주 많이 찌그러져 있기는 해도 타원 모양의 궤적을 그
린다고 핼리가 믿은 까닭은 정교한 기하학적 증명으로 뒷받침된
뉴턴의 이론이 있었기 때문이었다. 핼리가 세상을 떠난 뒤 16년 만
에 모습을 다시 드러낸 그 혜성을 '핼리 혜성'이라고 부르게 된 것
은 자연스러운 일이다. 핼리는 고대 바빌로니아의 기록을 원용해
일식과 월식의 주기에 사로스 주기라는 이름을 붙인 것으로도 유
명하다. 사로스 주기 6585.3일, 즉 18년 11일 8시간이 지나면, 지구

와 태양과 달의 배치가 원래와 거의 같아진다. 사로스 주기만으로도 일식이나 월식의 정확한 예측이 가능하다. 고대 바빌로니아 사람들이 사로스 주기를 알고 있었다는 것은 놀라운 일이다.

혜성과 일식 및 월식에 대한 핼리의 확실하고 틀림없는 계산은 19세기 동안 더 정교해지고 더 체계적으로 발전했다. 피에르시몽 라플라스의 다음과 같은 언급은 세계를 이해하는 데에 이 기하학적 토대의 물리학이 얼마나 확실한 지식을 줄 수 있는가에 대한 자신감을 잘 보여 준다.

주어진 특정 순간에 자연을 움직이는 모든 힘과 자연을 이루는 존재들의 각각의 상황을 다 알고 있는 어떤 지성이 이 모든 정보를 다 분석할 수 있을 만큼 뛰어나다면, 이 지성은 우주의 거대한 천체들로부터 가장 작은 원자에 이르기까지 그 운동을 같은 공식으로 포괄할 수 있을 것이며, 과거와 현재와 미래의 그 어떤 것도 불확실한 것은 없을 것이다.

이를 더 명료하게 말하면, 물질의 상태를 특정 순간의 위치와 운동량의 값으로 정해 준다고 할 때, 특정 시간의 상태로부터 임의의 다른 시간에 물질의 위치와 운동량의 값이 어떻게 주어질지에 대해 정확히 예측할 수 있다는 것이다. 그러나 동시에 라플라스의 언명은 넓은 의미에서는 언젠가 모든 자연 법칙을 알아내고 이를 적용하는 방법까지도 밝혀냄으로써 물질 세계에 대해 모든 것을 알 수 있으리라는 물리학자들의 강력한 희망을 피력하고 있는 것이기도 하다. 이는 고전 역학적 세계관에서 나타나는 물리학자의 자신감이다.

라플라스 자신은 19세기 천문학에서 가장 권위 있는 저서였던 『천체 역학』 다섯 권의 저자였다. 1799년부터 1825년까지 저술된 이 책은 기하학으로 서술되고 증명된 뉴턴의 역학 체계를 미적분학으로 다시 쓴 역작이기도 했지만, 동시에 천체 현상에 대한 매우 정교한 계산을 집대성한 요약이기도 했다. 사실 이 다섯 권의 책에는 라플라스 자신의 고유한 업적보다는 당시까지의 많은 뛰어난 사람들이 이루어낸 것이 따로 언급되지 않은 채 포함된 경우가 많기 때문에 라플라스의 학문적 도덕성이 의심되기도 한다. 그렇기는 하지만 『천체 역학』이 상징하는 확실한 지식은 19세기 유럽에서 중요한 이정표였다.

| 포르투나와 사피엔티아, 또는 확률적 사유 |

기하학을 모범으로 삼아 전개된 명석하고 판명한 지식에 의문을 제기한 것은 흥미롭게도 도박의 문제였다. 피에르 드 페르마와 블레제 파스칼이 1654년에 주고받은 편지는 도박의 승률에 관한 것을 수학적으로 계산할 수 있는가 하는 질문에서 출발한다. "삶을 지배하는 것은 지혜가 아니라 행운이다(*Vitam regit fortuna, non sapientia*)."라는 키케로의 말마따나 인류 역사에서 '포르투나

(*fortuna*, 행운)'와 '사피엔티아(*sapientia*, 지혜)'는 언제나 서로 대립되는 것으로 여겨져 왔다.

어떤 심각한 결정을 해야 하지만 도무지 어느 것을 선택해야 좋을지 알 수 없는 상황에서 가장 적절한 방법은 무엇일까? 인류 역사에서 가장 오래된 무작위 선택의 수단은 제비뽑기였다. 다양한 형태의 제비뽑기는 신적인 섭리의 확인을 위한 중요한 의식이었다. 그리스 신화에서도 제비뽑기를 통해 대표를 선출하거나 희생자를 고르는 사례가 자주 나타나며, 기독교 성서에서도 그런 예를 많이 볼 수 있다.

제비뽑기는 똑같은 모양의 막대나 표식을 한꺼번에 모아 놓고 각 사람에게 그중 하나를 고르게 한 뒤, 미리 표식을 해 놓은 제비를 뽑는 사람을 대표나 희생자로 삼는 방식이다. 이를 한자어로 하면 '추첨(抽籤)'이 되는데, 첨(籤)이라는 글자가 흥미롭다. 먼저 아래쪽 부분을 보면 오른쪽은 창(戈)이고 왼쪽은 사람(人)이 둘 있는데, 그 아래 아니다(非)라는 글자가 있고, 전체적으로 대나무를 의미하는 죽(竹)자가 위에 있다. 창과 사람들로 이루어진 𢧐(韱)이 "찌르다, 끊다."라는 뜻임을 염두에 두면, 이 글자는 "사람들 중 누구를 찌르지 않을지 결정하기 위해 사용하는 대나무 조각"을 의미한다고 짐작할 수 있다. 일본어에서는 籤의 독음인 쿠지(くじ)를 구(鬮)라는 글자로도 쓰는 것으로 보아 대나무 조각 대신 거북 껍데기를 쓰기도 했을 것이다. 이 글자는 영어의 tally와 같다고 주석되어 있는데, 이것은 돈 같은 것을 빌리거나 빌려 줄 때 관계자가 막대기에 눈금을 새겨

금액을 나타내고 세로로 쪼개서 뒷날의 증거로 삼은 것을 가리킨다.

복권이나 제비뽑기는 영어로 lottery인데, 프랑스 어 loterie에서 온 말이다. 이는 네덜란드 어 loterije에서 온 것으로 추측되는데, 중세 네덜란드 어 lot가 그 기원이다. 최초의 복권은 1400년대 네덜란드가 효시라고 하며, 1530년대에 이탈리아 피렌체 지역에서 로토(lotto)라는 복권이 공식적으로 처음 나왔다. 이 말 자체는 제비뽑기를 뜻하는 이탈리아 어이다. 로토는 11부터 99까지의 숫자 5개를 미리 선택해 제출하게 한 뒤, 공정한 투표나 제비뽑기를 통해 5개의 숫자를 얻어서 그 5개의 숫자가 모두 일치하는 사람에게 상금을 주는 제도이다.

제비를 뽑을 때 어떤 제비가 나올지 분명하게 알 수 없다는 것은 제비뽑기의 공정성을 보장하는 가장 중요한 전제 조건이다. 주사위를 던졌을 때 어떤 숫자가 나올지 미리 알 수 있다면 주사위를 던져 어떤 결정을 한다는 것 자체가 불공정한 처사가 될 것이다. 이것을 흔히 '랜덤(random)'이라는 말로 표현한다. 이 말은 특정한 목적이나 패턴이 없다는 뜻이다. 우리말로 하면 '무작위(無作爲)' 내지 '제멋대로' 정도로 표현할 수 있을 것이다.

만일 로토가 '랜덤'하지 않다면 그 로토는 심각한 불공정 시비에 휘말리고 수많은 소송에 연루될 것이다. 또 만일 제비뽑기가 '랜덤'하다는 것을 의심한다면, 제비뽑기를 통해 뽑힌 대표에 대한 신뢰도 없을 것이며, 그렇게 뽑힌 희생사는 추첨 결과를 받아들이지 않을 것이다. 로토의 생명은 그 결과물(5개의 숫자)이 불확실하다는 데 있다. 그 결과물들은 모두가 동등하게 가능해야(equally probable) 한다. 즉 그 개연성이 똑같아야 한다. 주사위놀이와 같은 확률성 놀이가 성립하기 위해서도 결과물의 개연성이 똑같아야 한다.

확률(probability)의 딜레마가 바로 여기에 있다. 제비뽑기든 추첨이든 로또이든 주사위놀이든 모두가 결과가 어떻게 될지 알 수 없다는 것이 핵심이다. 이름은 '확실함의 비율(確率)'이지만 사실 그 진짜 의미는 '불확실함의 비율'인 것처럼 보인다.

왜 우리가 관심을 갖는 대상에 대해 정확하고 분명한 지식을 가질 수 없고 확률적이고 개연적인 지식에 만족해야 하는 것일까? 포르투나는 언제나 사피엔티아보다 더 많이 삶을 지배하는 것일까? 확률적인 지식은 우리가 대상을 덜 알고 있다는 뜻일 뿐이며, 언젠가는 대상을 더 많이 알아 가면서 확률적 지식이 확실한 지식으로 변해 가는 것은 아닐까? 확률이라는 말의 근본적인 의미는 무엇일까?

확률과 관련된 관념은 그 역사가 아주 오래된 것이라고 할 수 있지만, 본격적으로 확률 개념이 논의되고 그에 대한 구체적인 계산법 등이 논의된 것은 17세기 말에 이르러서이다. 앞에서 인용한 라플라스의 글 역시 1814년에 출판된 『확률의 해석적 이론』에 포함된 내용이다.

라플라스는 『확률의 해석적 이론』, 『확률에 관한 철학적 고찰』 등을 통해 확률에 대한 고전적인 정의를 확립했다. 라플라스는 어떤 사건의 확률은 "똑같이 가능한 경우들의 수에 대한 특정 경우의 수의 비"라고 정의했다. 이 정의는 지금도 많은 경우에 확률적 접근의 훌륭한 출발점 역할을 하고 있다. 그런데 얼핏 보면 별로 문제가 없어 보이는 이 정의에는 "똑같이 가능한 경우"라는 모호한 용어가 포함되어 있다. 라플라스는 "똑같이 가능한"이란 말의 의미를 명료하게 하기 위해 이른바 '무차별의 원리(principle of indifference)'를 도입했다. 즉 먼저 가능한 모든 기본적인 경우들을 망라한다. 이 기본적인 경우들 사이에 특별히 어느 한 편을 더 선호하거나 특별하게 대접할 이유가 없다면, 이 기본적인 경우들이 모두 '똑같이 가능한' 내지 '똑같이 개연적인' 경우들이라고 보자는 것이다. 문제는 무차별의 원리를 적용하기 위한 '차별'의 기준이 둘 이상 있을 수 있다는 데에 있다.

이언 해킹에 따르면, 확률 개념이 본격적으로 다루어질 무렵부터 이미 두 가지 서로 구분되는 개념이 '확률'이라는 같은 이름 아래 논의되었다. 하나는 인식론적인 확률로서 이것은 대상에 대해 주체가 가진 정보의 부족함을 전제로 한다. 다른 하나는 대상적/통계적인 확률로서 이는 곧 인식 주체가 대상에 대해 얼마나 알고 있는지와 무관하게 그 본연의 성질이 확률적인 것을 가리키는데, 이 때문에 통계적인 면과 깊이 연관되어 있다. 콩도르세는 앞의 것을 'motif de croire'라 하고 뒤의 것을 'facilité'라 불렀으며, 프와송과 쿠르노는 앞의 것을 'probabilité'로, 뒤의 것을 'chance'로 불렀다. 이와 같은 두 가지 구분되는 개념의 확률에 대해 20세기의 논리 실증주의자 루돌프 카르납은 '확률 1'과 '확률 2'라는 다른 용어를 붙일 것을 제안하기도 했다. 이 용어에 대한 영어 번역어는 probability로 통일되었으며, 그 문자적인 의미는 얼마나 '있을 법한가'의 정도를 가리킨다. 해킹은 이 말의 의미가 '잠정적인 판단'을 지칭하는 것으로 해석한다. 확률의 독일어 번역어 Wahrscheinlichkeit는 얼마나 참인 듯이 보이는지의 정도를 가리킨다. 확률(確率)이라는 우리 말 번역어는 확실함의 정도를 가리키는 말이며, 인식론적인 확률에 다소 편향된 용어라 할 수 있다.

19세기, 확률적 사유의 폭발적 발전기

대상적/통계적 확률 개념이 본격적으로 영향력을 미치기 시작한 것은 19세기의 일이었다. 벨기에의 천문학자이자 수학자였던 아돌프 케틀레는 천문학에서 오차를 평가하고 분석하는 방법으로 사용되던 통계학적 접근을 사회적인 문제로 확장했다. 케틀레가 1835년 출간한 『인간과 그 능력의 개발에 관한 논고: 사회 물리학 시론』은 천문학에서 자주 사용되는 통계적 및 확률적 접근을 이용해 사회적인 현상들을 다루려는 야심찬 학문적 시도이다. '사회 물리학(physique sociale)'에서 가장 중요한 개념은 '평균인(l'homme moyen)'이었다. 사회 현상은 대단히 복잡하고 서로 긴밀하게 얽혀 있어서 이성적인 접근이 힘든 것처럼 보이지만, 천문학에서 성공적으로 사용되고 있는 '오차의 법칙', 즉 정규 분포의 이론을 원용한다면,

사회 현상도 천문학처럼 과학적으로 서술할 수 있다는 것이다. 사회를 구성하는 각 개인의 판단과 행위를 일일이 확인하고 예측하는 것은 실질적으로 전혀 불가능한 일이지만, 각 개인을 천문학(또는 수학)의 평균 개념에 대응하는 추상적 개념인 '평균인'으로 대치한다면, 복잡한 사회 현상도 모두 확실한 지식의 영역으로 넘어올 것이라고 케틀러는 믿었다.

사회 현상에 통계학과 확률 이론을 적용하는 '사회 물리학'의 프로그램은 생물학과 물리학에 직접적인 영향을 미쳤다. 19세기에서 두드러진 물리학적 발전 중 하나는 열역학의 성립이다. 물이나 기체에 열을 가하면 온도나 압력이나 부피가 달라지며, 물이 수증기로 바뀌기도 하고 얼음이 되기도 하는데, 이것이 열적 현상이다. 열역학은 열적 현상에 대한 경험적인 법칙들을 실험실에서의 정교한 관찰을 통해 확립하려는 노력을 집대성한 것이다. 즉 이러한 경험적 법칙들로부터 더 일반적인 수준에서 적용될 수 있으며 열적 현상에 보편적으로 적용되는 것으로 여겨지는 법칙들을 구성하고 이 법칙들로부터 개별 현상을 설명하고 예측할 수 있게 하는 이론이 열역학이다. 그러나 열역학은 뉴턴의 고전 역학에 비해 그 기초가 분명하지 않았다.

뉴턴의 고전 역학은 천문학적 현상뿐 아니라 가장 작은 물체의 운동까지 모든 것에 적용될 수 있는 근본적인 이론 체계로 자리를 잡았지만, 열역학의 법칙들은 임의적인 것처럼 보였으며, 훨씬 더 보편적인 것으로 여겨지는 뉴턴 역학과 어떤 관계에 있는지 밝혀

낼 필요가 있었다.

열역학을 더 기본적인 뉴턴의 고전 역학으로부터 유도하려는 노력에서 가장 중심적인 역할을 한 것은 확률 이론이었다. 즉 확률 이론을 원용해 고전 역학의 근간이 되는 '미시 상태' 대신에 '거시 상태'를 쓴다면 열역학에서 기술하는 현상론적 법칙을 모두 유도할 수 있다는 것이다. 이것이 통계 역학이다.

통계 역학은 기체 분자 운동론에 그 기원을 두고 있다. 다니엘 베르누이를 비롯해 존 헤러퍼스(1821년), 존 제임스 워터스턴(1845년), 아우구스트 크뢰니히(1856년), 루돌프 클라우지우스(1857년) 등과 같은 일련의 선구적인 학자들은 기체에 대한 현상론적 법칙을 원자론적으로 설명하고자 했다. 다시 말해 일정한 부피를 차지하고 있는 상자 안에 있는 기체가 일정한 온도를 유지하고 있을 때 그 상자의 벽에 가해지는 압력을 계산할 수 있게 하는 법칙을 원자론적으로 설명하고자 했다. 이를 위해 그들은 기체가 일정한 성질을 갖는 분자(원자 또는 입자)로 이루어져 있다는 가정 아래 분자들 사이의 상호 작용(충돌 등)의 결과로 기체의 압력, 온도, 부피 등이 정해짐을 밝혔다. 이는 곧 분자들 전체의 모임이 나타내는 현상을 개개 분자들에 대한 동역학으로부터 유도하려는 노력이었다. 다시 말해서, 거시적 현상을 미시적 기본 이론으로 설명하려는 것이었다.

열역학은 여러 현상론적 법칙들을 포괄하는 더 일반적인 수준의 네 가지 법칙들에서 출발한다. 그러나 이 역시 더 기본적인 이론으로부터 '유도'될 수 있는가 하는 문제가 기체 분자 운동론 연구자들의 과제였다. 19세기에 더 기본적인 이론이란 다름 아니라 뉴턴-라그랑주-해밀턴의 역학 체계를 가리킨다.

통계 역학이 부딪힌 첫 문제 중 하나는 열역학 둘째 법칙과 통계 역학적 접근을 화해시키는 일이었다. 열역학 둘째 법칙은 계의 상태 변화에 방향성이 있음을 주장한다. 기다란 금속 막대 한쪽을 뜨겁게 달구었다고 하자. 시간이 흐르면 한쪽 끝은 뜨겁고 다른 쪽 끝은 차가운 처음 상태는 금속 막대 전체가 같은(또는 비슷한) 온도로 미지근해지는 나중 상태로 이행하며, 그 반대는 성립하지 않는다. 방안 한 구석에 있는 풍선 속에 몰려 있던 기체들은 풍선을 터뜨리면 어느 정도 시간이 흐른 뒤 방안 전체에 골고루 퍼지게 되며, 그 반대는 성립하지 않는다. 이와 마찬가지로 더 뜨거운 온도의 열기관은 더 차가운 온도로 되면서 외부에 일을 해 주지만, 그 반대로 더 차가운 온도의 열기관이 주변에서 일을 모아 저절로 더 뜨거워지는 일은 생기지 않는다. 이것이 열역학 둘째 법칙의 기본 내용이다. 비슷한 예로 상자 속의 바둑돌을 들 수 있다. 큰 상자 속에 흰 바둑돌과 검은 바둑돌을 얇은 막으로 나누어 왼쪽 절반에는 모두 흰 바둑돌이, 오른쪽 절반에는 모두 검은 바둑돌이 있게 한 뒤에, 얇은 막을 제거하고 상자 전체를 오랫동안 흔들면, 결국 두 종류의 바둑돌들이 모두 골고루 섞이게 된다. 그러나 반대로 골고루 섞여 있는 두 종류의 바둑돌이 들어 있는 상자를 오랫동안 흔들어도 나중에 흰 바둑돌과 검은 바둑돌이 반반씩 구분되어 놓이는 일은 발생하지 않는다.

열역학 둘째 법칙을 정량적으로 표현하면, 엔트로피라는 양이 있어서 열역학적 계의 상태의 변화는 항상 엔트로피가 감소하지 않는 방향으로 일어난다고 말할 수 있다. 현상의 변화 과정에 명백하게 방향이 있다고 말하는 것은 이론에서 비롯했다기보다는 관찰에서 비롯된 것이다.

맥스웰과 볼츠만은 기체가 '분자'로 이루어져 있으며 거시적으로 나타나는 기체의 상태들은 모두 분자들의 통계적인 분포에 따라 정해진다는 이론을 발전시켰다. 이 과정에서 베르누이 이후의 접근과 달리 확률의 개념이 명시적으로 도입되었다. 열역학 둘째 법칙은 열역학 첫째 법칙과 달리 통계적으로만 또는 확률론적으로만 성립하는 법칙이며, 그렇기 때문에 엔트로피가 감소하는 것은 절대적이지 않다. 열현상을 기술하는 방정식만으로는 상태 변화에 방향성이 있다는 것을 설명할 수 없다. 금속판을 구성하는 분자들 중에서 더 느리게 움직이는 분자들이 오른쪽 반으로 몰리고, 더 빠르게 움직이는 분자들이 왼쪽 반으로 몰리면 통계적으로 열평형 상태에 있는 금속판의 오른쪽 끝은 차가워지고 왼쪽 끝은 뜨거워지게 된다. 다만 확률적으로 이러한 분자들의 수는 그 반대 경우에 비해 압도적으로 작다. 상자 속에 있는 두 종류의 바둑돌이 섞이는 확률은 두 종류의 바둑돌이 상자 속에서 반반씩 각각 나뉘어 놓이게 될 확률보다 압도적으로 크다. 이런 의미에서 열역학 둘째 법칙은 확률적인 법칙이다.

볼츠만은 미시적인 역학에서 나타나는 가역성과 거시적 열역학에서 나타나는 비가역성 사이의 상충을 해결하기 위해 H 정리를 유도했는데, 로슈미트와 체르멜로의 혹독한 비판에 부딪히자, "원자론적 견해에 따르면, 열역학의 둘째 법칙은 단지 확률 이론의 정리 중 하나에 불과하다."라면서, 눈에 보이는 운동에 대해서는 H 정리에서 주장하는 바와 같은 비가역성이 나타날 수 없다는 것이 명백하지만, 대단히 많은 수의 매우 작은 분자들이 개입해 있는 운동에서는 확률이 더 작은 상태에서 확률이 더 큰 상태로의 전이가 항상 있어야 함을 주장했다. 이는 조사이어 깁스의 "외부의 엔트로피를 증가시키지 않고 엔트로피가 감소하는 것이 불가능하다는 것은 확률의 문제로 환원되는 것으로 보인다."라는 결론과 일맥상통하는 것이다.

요컨대, 이러한 과학사적 전개는 기체 분자 운동론 또는 그 확장된 형태로서의 통계 역학에서는 현상의 기술에서 확률 개념의 도입이 필수적임을 매우 잘 보여 주는 사례라 할 것이다. 그런데 흥미롭게도 볼츠만이 H 정리와 관련된 로슈미트와 체르멜로와의 논쟁에 대답하기 위해 내세운 확률 이론 또는 확률 계산의 규칙(Wahrscheinlichkeitsrechnung)은 형식적으로는 정립된 체계이지만, 그 철학적/인식론적 함의에 대한 논의는 완결되어 있지 않은 이론이다. 어떤 의미에서는 볼츠만이 통계 역학의 인식론적 함의에 대한 논의를 모두 확률 개념의 인식론적 함의에 대한 논의로 떠넘겼다고 할 수 있다.

19세기에 확률과 통계의 개념이 도입됨으로써 근본적인 변화를 겪은 것은 물리학만의 상황이 아니었다. 생물학에서도 통계적 사고는 혁명적이었다. 생기론과 기계론의 논쟁이나 목적론과 본질론의 대립에서 확률 개념이 중요한 역할을 했다. 19세기 생물학에서 나타나는 확률적 및 통계적 사고의 영향은 일방적인 것이 아님을 강조한다. 아직 확률 이론이나 통계학도 제자리를 찾아가는 과정 중에 있었기 때문에, 통계학 개념의 발전 과정에서 생물학적 문제들이 중요한 역할을 하는 경우가 많았다.

가령 우생학으로 널리 알려져 있는 프랜시스 골턴이 생물학자일 뿐 아니라 통계학자이기도 한 것은 그런 이유에서이다. 독일의 심리학자 게르트 기거렌처 등이 공동으로 저술한 『우연의 제국: 확률이 어떻게 과학과 일상 생활을 바꾸었는가?』(1989년)에서 생물학과 확률적 사고의 관계는 생리학, 자연학, 유전학, 진화론의 네 가지 측면에서 요약된다. 먼저 생리학에서는 자연 발생과 조절의 문제가 확률적 사고와 연결된다. 프랑스의 클로드 베르나르처럼 결정론을 옹호하는 생리학자들은 자연 발생적인 것처럼 보이는 생리 현상들도 겉으로 보기에만 그런 것이지 사실은 그 뒤에 감추어져 있는 메커니즘이 존재한다고 믿었다. 독일의 에른스트 헤켈이나 칼 에른스트 폰베어와 같은 발생학자나 자연학자는 우연을 충분히 용인할 수 있었다. 폰베어는 물리학과 화학만으로는 생명 현상, 특히 개체의 발생이나 환경에 따라 개체가 변화하는 과정을 설명할 수 없음을 지적하고, 생명의 본질이 내재함을 주장했다. 그레고어 멘델이 잡종의 유전을 연구할 때 사용한 방법은 통계적인 것이었다. 통계적이라는 것은 현상 속에서 다양한 상관 관계를 밝혀내고 정리하는 데 목표를 둔다는 뜻이다. 이것은 개별적인 대상들에서 실제로 일어나고 있는 인과적인 사건들에 주목하는 것과 대비된다. 찰스 다윈이 『종의 기원』(1859년)에서 주목한 것은 생물들이 모여 있는 곳에서는 변이가 언제나 나타난다는 점이었다. 케틀레가 사회 현상을 이해하기 위해 추상적 개념으로서의 '평균인'에 주목한 것과 달리 다윈은 변이에 초점을 맞추었다. 생명의 조건이 변화함에 따라 늘 있게 마련인 변이에서 더 잘 적응해 살아남는 것이 있으며, 오랜 시간이 지나게 되면 이러한 변이들의 중심축이 옮겨 간다는 것이 바로 자연 선택이다.

요컨대 19세기에 최대로 불거져 나온 확률적 및 통계적 사유는 물리 과학과 생명 과학에서 전혀 기대하지 않았던 커다란 혁신을 낳았다. 이러한 접근이 아니었다면 우리는 여전히 18세기적인 좁은 기하학적 사유에서 벗어나지 못하고 있었을 것이다. 여기에서 다루지는 않지만 19세기 동안 에우클레이데스의 기하학 체계에서 제5의 공리, 즉 평행선 공리를 포기함으로써 근본적으로 새로운 모습을 갖추게 된 비유클리드 기하학들은 오히려 유클리드 기하학의 아름다움과 엄밀성을 더 부각시켜 주었을 뿐 아니라 평행선 공리의 위치도 재평가할 수 있게 해 주었음에 주목할 필요가 있다.

| 하이젠베르크의 불확정성 원리 |

20세기에 접어들면서 확실한 지식의 문제는 새로운 양상을 띠기 시작했다. 그중 하나는 베르너 하이젠베르크의 '불확정성 원리'와 관련된다. 양자 역학이 세계에 대한 인식에 한계가 있음을 보여주었다고 말할 때 자주 언급되는 것이 바로 이 '불확정성 원리'이다.

가령 전자의 위치와 운동량은 동시에 원하는 정밀도로 측정할 수 없음을 원리적인 수준에서 증명할 수 있다는 것이 흔히 말하는 불확정성 원리의 내용이다. 이는 대개 $\Delta x \Delta p \geq \frac{\hbar}{2}$와 같은 식으로 표현된다. 여기에서 Δx라고 표기한 것은 위치 x의 '불확정성'을 의미하며, Δ는 차이(difference)라는 말의 d를 그리스 문자 델타로 나타낸 것이다. 즉 Δx란 'x의 차이' 또는 '위치를 나타낼 때 나타날 수 있는 차이'를 의미한다. 마찬가지로 Δp라고 표기한 것은 운동량 p의 '불확정성'을 의미한다. 운동량은 위치가 변하게 만드는 것과 관련되는데, 고전적으로는 무겁고 빠를수록 운동량이 커진다.

불확정성 원리의 의미는 흔히 다음과 같은 식으로 해석된다. 즉 위치를 매우 정확히 측정하여 Δx를 매우 작게 하면 그만큼 Δp가 매우 커지기 때문에, 운동량에 대해서는 원하는 정도의 정밀도를 얻을 수 없다는 것이다. 반대로 운동량을 매우 정확히 측정해 Δp를 매우 작게 하면 그만큼 Δx가 매우 커지기 때문에, 위치에 대해서는 원하는 정도의 정밀도를 얻을 수 없다. 물리학이라는 것이 물리량을 정확히 측정하고 그 값을 기반으로 물리량들 사이의 관계를 밝히는 학문이라면, 이와 같이 어떤 물체의 위치와 운동량을 동시에 정확히 알 수 없다는 것은 아주 심각한 문제가 된다.

그러나 이 '불확정성 원리'는 물리학, 특히 양자 물리학의 이해에 상당한 오해를 가져온 이름이다. 무엇보다도 '불확정성'이라는 용어 자체에 상당한 문제가 있다. 영어권에서는 거의 대부분 불확실성(uncertainty)이라는 용어를 쓰고 있다. 이 말을 곧이곧대로 받아들인다면 확실하지 않은(not certain) 것에 대한 이야기가 된다. 따라서 자연스럽게 소위 '불확정성 원리'는 가장 근본적인 수준에서 양자 역학과 같은 물리학에 불확실한 지식이 본질적으로 내재한다는 믿음으로 이어졌다. 특히 1960년대 미국의 뉴에이지 운동의 일환으로 나타난 불확실한 세상에 대한 관념들이 양자 역학과 연결되어 있다는 점은 놀라울 것은 없지만 잘못된 것이다. 하이젠베르크 자신은 주관적 색채가 강한 '불확실성(Unsicherheit)'이라는 용어를 거의 쓰지 않고, 대신에 '부정확성(Ungenauigkeit)'이라는 용어를 사용했다. 더 객관적이고 중립적인 용어는 '미결정성(Unbestimmtheit, indeterminacy)'일 것이다.

또한 불확정성 원리는 '원리'가 아니다. 원리란 예를 들어 '최소 작용량의 원리'나 '상대성 원리'처럼 엄밀한 의미에서는 증명(또는 확증)된 바 없지만 실제의 이론 전개에서 매우 근본적이고 중요한 역할을 하는 전제를 가리킨다. 원리는 특정의 이론 체계에 국한되어 성립하는 것이 아니라 여러 이론 체계에 대해 보편적으로 성립하는 것으로 믿어지는 것을 가리키는 말이다. 원리가 적용되는 영역이 이론 체계가 적용되는 영역보다 더 넓기 때문에, 원리는 이론 체계가 구성되는 것을 인도하는 나침반의 역할을 한다.

아직 양자 역학이 이론으로서 충실한 형식을 갖추지 못했을 무렵에는 고전 역학과 구분해 양자 역학만의 독특한 주장을 이해할 수 있는 인도 원리가 필요했으며, 초기 양자 역학에서 불확정성 '원리'는 그런 역할을 충실히 수행했다. 그렇지만 하이젠베르크가 불확정성 원리를 제안한 직후에 이 '원리'는 힐베르트 공간에 바탕을 둔 양자 역학의 형식 이론에서 유도되는 하나의 수학적 정리에 지나지 않음이 밝혀졌다. 1927년에 26세의 하이젠베르크가 이른바 '불확정성 원리(Unbestimmtheitprinzip)'를 제시한 지 얼마 되지 않아, 1929년에 에드워드 콘던과 하워드 로버트슨은 위치와 운동량 사이에 성립하는 부등식 $\Delta x \Delta p \geq \frac{\hbar}{2}$는 힐베르트 공간에 대한 코시-슈바르츠 부등식 등을 이용하면 가환이 아닌 두 연산자(예를 들어 위치와 운동량)에 대해 항상 성립하는 부등식임을 일반적인 수준에서 증명했다.

양자 역학에서는 전자와 같은 물리학적 대상의 물리적 상태를 수학적으로 힐베르트 공간의 한 벡터로 표현하고, 실험실에서 관측할 수 있는 물리량을 이 힐베르트 공간에서 작용하는 연산자로 표현한다. 여기에서 관심을 두는 '미결정성' ΔA는 양자 역학 계산을 통해 얻을 수 있는 확장된 의미의 분산이며, 실험실에서 얻을 수 있는 데이터 따위의 통계적 분산과는 아무런 관계가 없다. 그런 점에서 미결정성은 측정 행위와 무관하다.

하이젠베르크가 '불확정성 원리'의 타당함을 방증하기 위해 도입했던 감마선 현미경 등의 사고 실험은 측정에 대한 교란 이론을 전제하고 있다. 감마선 현미경으로 전자의 위치를 정확히 측정하고자 하면 감마선의 매우 강한 에너지 때문에 전자의 운동량 값이 크게 변하게 되고, 그런 점에서 전자의 운동량은 불확정하다는 것이다. 그러나 측정 자체만으로 보면, 위치와 운동량을 굳이 동시에 측정해야 할 이유는 없다. 이와 같은 상황은 고전 역학적인 대상에도 여전히 성립한다. 빠르게 움직이고 있는 자동차의 위치를 정하는 가장 좋은 방법은 스냅 사진을 찍는 것이다. 스냅 사진의 노출 시간이 짧을수록 자동차의 위치는 정확히 결정되지만, 그와 동시에 자동차의 속도에 대한 정보는 훨씬 적어진다. 그러나 이를 두고 '불확정성 원리'가 성립한다고 말할 수는 없다. '불확정성 원리'는 측정 이전에 이미 측정과 무관하게 이론적으로 계산할 수 있는 물리량의 평균값에 대해 제한이 있음을 주장하는 것이다. 이런 맥락에서 이 부등식은 '불확정성 원리'의 표현이 아니라 오히려 양자 역학의 힐베르트 공간 정식화에서 유도되는 미결정성 정리(indeterminacy theorem)로 보아야 한다. 이것은 양자 역학이라는 물리학 이론의 테두리와 제한성을 드러내고 있지만, 측정이나 인식상의 한계를 의미하는 것은 아니다.

요컨대 하이젠베르크의 소위 '불확정성 원리'는 원리가 아니라 더 큰 양자 역학의 체계에서 유도되는 한낱 정리에 지나지 않으며, 지식의 불확실성(uncertainty)의 문제와는 직접 관련되지 않는 이론적 테두리로서 이론의 한계를 보여 줄 뿐이다.

| 수학 기초론과 괴델의 불완전성 정리 |

하이젠베르크의 불확정성 원리가 등장할 무렵에 수학 분야에서 불완전성 정리가 나타났다는 것은 의미심장한 일이다. 1930년 쾨니히스베르크에서 열린 "엄밀 과학의 인식론"이란 제목의 학술 회의에서 이제 막 박사 학위를 받은 24세의 젊은 수학자 쿠르트 괴델이 학술 회의의 마지막 날 조용히 엄청난 함의를 지닌 발언을 했다. 괴델은 참이지만 증명할 수 없는 수론(산술)의 명제가 있을 수 있음을 증명했다고 말했다. 학술 회의에서는 이 짤막한 발표가 거의 반향을 불러일으키지 않았다. 1931년에 발표된 논문 "『수학의 원리』 및 관련된 체계에서 결정할 수 없는 형식 명제에 관하여"에는 이 발표가 정교하고 세련된 증명과 함께 명료하게 서술되어 있었다. 그에 따르면, 정수론(산술)을 포괄하는 임의의 공리계에 대해 그 형식 체계가 무모순성이라면, 결정할 수 없는 명제가 존재한다. 이것이 바로 괴델의 불완전성 정리의 내용이다. 여기에서 '결정할 수 없는 (unentscheidbar)'이라는 말은 그 명제가 참임을 증명할 수도 없고 거짓임을 증명할 수도 없다는 뜻이다. 이것은 다음과 같이 요약된다.

고전적인 수학이 형식적으로 무모순성이라고 가정할 때, 이 형식 체계 안에서 내용상 실제로 참이면서도 증명할 수 없는 명제의 예를 제시할 수 있다.

존 폰 노이만은 괴델이 발표한 결과로부터 놀라운 따름 정리를 얻었다. 괴델의 증명은 어떤 정수론의 형식 체계 S가 무모순성이라고 가정하면 참이면서도 증명할 수 없는 명제 G를 만들 수 있다는 형식으로 되어 있다. 만일 형식 체계 S의 무모순성이 S 안에서 증명될 수 있다면, G도 S 안에서 증명될 수 있다. 왜냐하면 괴델이 증명한 결과로부터 S가 무모순성이라면 G가 참임을 알 수 있기 때문이다. 그런데 G가 S 안에서 증명될 수 있다는 것은 괴델이 증명한 결과와 모순된다. 이 모순을 피하기 위해서는 "형식 체계 S의 무모순성이 S 안에서 증명될 수 있다면"이라는 가정을 포기해야만 한다. 그러므로 괴델의 결론은 "산술 체계의 무모순성을 그 체계 안에서는 증명할 수 없다."라는 따름 정리로 이어진다. 사실 괴델은 폰 노이만보다 앞서 이 따름 정리를 이미 증명했으며, 이것이 '제2불완전성 정리'의 내용이다. 앞의 주장은 '제1불완전성 정리'라고 한다. 제2 불완전성 정리를 '괴델의 정리'라고 부르는 경우도 있다.

괴델의 불완전성 정리가 혁명적인 것임을 이해하기 위해서는 당시 독일의 수학 거장 다비트 힐베르트로 거슬러 올라갈 필요가 있다. 1900년에 프랑스 파리에서 열린 제2차 국제 수학자 대회에서 힐베르트는 "수학의 문제들"이란 제목의 기조 연설을 통해 20세기에 가장 중요하게 될 수학 연구의 방향을 제시했다. 이 기조 연설의 기본내용은 힐베르트가 제시하는 23개의 문제에 대한 해설이었다. 그 둘째 문제는 산술의 공리들이 무모순성임을 증명하는 것이었다. 이 문제는 수학의 많은 세부 분야 중 하나인 산술 또는 정수론을 형식 체계로 구성하고 그 공리들의 모임에 모순이 없음을 보이는 단순한 문제에 그치는 것이 아니었다. 이미 산술들의 공리들이 무모순성이라면 기하학의 형식 체계가 무모순성임이 증명되어 있었고, 수학의 여러 분야들이 모두 이와 유사하게 산술 체계의 무모순성 증명에 토대를 두고 있었기 때문이다.

괴델이 증명한 것은 다름 아니라 산술 체계의 무모순성을 그 체계 안에서는 증명할 수 없다는 점이었으니, 힐베르트가 제시한 두 번째 문제는 결코 해결될 수 없음이 밝혀진 셈이다. 1899년 힐베르트는 『기하학의 기초』라는 제목의 고전적인 저술을 발표했다. 이 책에서 기하학의 기초에 대한 논의가 완결되었다고 할 수는 없지만, 힐베르트는 기하학의 무모순성을 증명함으로써 확실한 지식의 토대를 굳건히 하려 했다고 평가할 수 있다.

앞에서 우리는 에우클레이데스 이래 가장 명석하고 판명한 지식의 대표적인 예로 기하학을 언급했으며, 뉴턴의 운동 이론이 권력을 가졌던 것도 확실한 지식으로서의 기하학이 가지는 힘에서 비롯한 것임을 보았다. 이러한 확실성의 지식이 통계적 및 확률적 사고의 발전과 더불어 위협을 받긴 했지만, 사실 확률론과 통계학의 정립은 오히려 새로운 지식을 확실하게 창출하고 발달시키는 데 큰 역할을 했음을 보았다. 그런 점에서 기하학의 좁은 영역에 머물지는 않았지만 확실한 지식에 대한 신뢰는 여전히 남아 있었다.

그런데 괴델의 불완전성 정리에 이르게 되면, 이제 가장 믿을 만하고 확실하다고 여겼던 산술조차 그 무모순성을 증명할 수 없는 당황스런 상황에 맞닥뜨리게 된다. 도미노처럼 기하학 형식 체계의 무모순성도 증명할 수 없으며, 그보다 덜 갖추어져 있는 것으로 보이는 다른 지식들은 그 확실성의 문제가 뿌리부터 흔들리게 되는 것으로 보인다.

이 점을 더 확장한 것은 옥스퍼드 대학교의 철학자 존 루카스였다. 1960년대에 루카스는 괴델의 정리를 기계론의 오류에 대한 증명으로 해석했다. 즉 인간의 지성은 기계로 설명될 수 없음을 증명한 셈이라는 것이다. 다시 말해 규칙에 얽매인 증명 가능성은 지성의 방대한 자유로움을 따라갈 수 없다는 것이다. 저명한 물리학자 로저 펜로스도 『임금님의 새 마음』이나 『마음의 그림자』에서 이와 유사한 해석을 세련되게 제시했다. 펜로스에 따르면, 인간의 지성은 하나의 물리적 계로서 뇌 그 자체이지만, 그렇다고 해서 뇌 또는 마음이 기계적 물리 법칙을 따라가는 것은 아니다. 오히려 이제까지 제대로 발전하지 못하고 있던 마음의 과학은 비기계적 물리 법칙에 바탕을 두어야 한다. 그러한 물리 법칙으로 좋은 후보가 양자역학이라는 것이다.

그런데 괴델 자신은 불완전성 정리를 다르게 해석했다. 괴델에 따르면, 불완전성 정리를 토대로 엄밀하게 증명할 수 있는 것은 다음과 같다.

인간의 지성이 어떤 기계보다도 더 많은 산술의 문제를 결정할 수 있거나, 아니면 인간 지성으로도 결정할 수 없는 산술의 문제들이 있거나 둘 중 하나이다.

이 양자택일의 주장 중 앞의 것은 지성이 기계와 다르다는 주장이지만, 뒤의 것은 인간의 지성이 기계적이라는 주장을 허용할 수 있다. 오히려 불완전성 정리는 인간의 지성이 기계를 초월할 수도 있지만 그 점을 증명할 수는 없음을 보여 준다고 말할 수 있다.

| 인식론의 문제 |

지금까지 논의한 문제들은 프랑스의 수학자이자 물리학자이자 과학 철학자 피에르 뒤엠이 『물리 이론의 목적과 구성』(1906년)에서 제기했던 이론 미결정성 논제와 밀접하게 연관된다. 일반적인 통념에 따르면, 경쟁하는 이론들이 있을 때 어느 것이 옳은지 알고자 한다면, 각 이론들이 서로 다르게 예측하는 결정적 실험(*experimentum crucis*)을 고안해 내고, 실제로 이 실험을 해 보면 된다. 실험 결과가 예측과 맞아떨어지는 이론이 경쟁에서 살아남는다는 것이다. 하지만 이러한 소박한 관점은 현실의 과학에서는 거의 작동하지 않는 경우가 많다. 이를 더 단순화시키면, 경쟁하는 이론들이 아니라 제안된 가설의 입증 문제로 이해할 수 있다. 과거의 연구 결과나 새로운 관찰을 통해 어떤 가설을 고안해 낸다고 하자. 이 가설이 옳은지 그른지를 판단하려면 이 가설로부터 연역적으로 도출되는 실험을 고안해 실제로 실험을 수행한다. 실험 결과가 가설의 연역적 귀결과 맞아떨어진다면 잠정적으로 그 가설은 시험을 통과한 것으로 간주한다. 만일 그렇지 않다면 가설은 잘못된 것으로 폐기한다. 뒤엠은 이러한 통념이 잘못된 것임을 강조해 지적한다. 실험 결과가 문제시되는 가설과 상충한다고 하더라도 하나의 이론 체계에는 문제시되는 가설 이외에 여러 보조 가설들이 포함되어 있기 때문에 특정 이론의 진위 여부를 실험 결과로부터 결정적으로 판가름할 수는 없다. 따라서 결정적 실험은 존재할 수 없으며 실험은 이론들 중에서 어느 것이 옳은지 결정할 수 없다. 언제나 이것이 뒤엠 논제 또는 이론 미결정성 논제이다.

과학적 실재론 논쟁과 이론 미결정성 논제는 과학 이론이 최종적인 지식을 줄 수 있는가에 대한 철학자들의 조심스러운 의견 제시이다. 이런 의견들이 결정적인 답을 주는 것은 아니지만, 확실한 지식에 대한 우리의 고민에 좋은 생각거리들을 던져 주고 더 통찰력 있는 혜안을 보여 주고 있는 것은 틀림없다.

| 과학과 수학은 확실한 지식을 주는가? |

이제까지 우리는 과학과 수학을 둘러싼 확실한 지식의 가능성을 역사적인 접근이라는 씨줄과 개념적 고찰이라는 날줄을 가지고 살펴보았다.

데카르트가 추구했던 명석하고 판명한 지식은 대표적으로 에우클레이데스의 기하학과 연결되며, 이는 기하학적 형식 체계의 대명사이기도 함을 보았다. 스피노자의 『에티카』나 뉴턴의 『프린키피아』가 기하학적 형식 체계를 따라 서술된 것도 결국 확실한 지식임을 강변하기 위함이었다.

확률적인 접근만 허용되는 문제들을 통해 확실한 지식의 토대가 흔들리는 것처럼 보이기도 했지만, 이것조차 한 단계 위에서 엄밀한 수학적 체계 안에 정립되고, 확률적 및 통계적 접근을 통해 물리 과학과 생명 과학에서의 혁신적인 발전이 이루어진 것을 보았다. 20세기에 들어와 하이젠베르크와 불확정성 원리와 괴델의 불완전성 정리는 확실한 지식의 추구에서 과학과 수학이 그다지 굳건한 토대 위에 있지 않음을 잘 보여 준다. 그러나 이것 역시 면밀하게 보자면 확실한 지식에 직접적인 걸림돌이 되는 것은 아님을 논의했다.

글머리에서 일식 예측의 정확성과 일기 예보의 부정확성을 대비시켰는데, 이 글을 통해 이러한 단순 대조가 그다지 생산적인 것이 아님을 볼 수 있다. 일식 예측의 문제는 연관되는 변수가 최소로 되어 있고 변화의 원인이 비교적 상세하게 밝혀져 있는 반면, 일기 예보의 문제는 혼돈 이론이라는 이름이 붙을 정도로 복잡한 변수들이 초기 조건에 따라 아주 민감하게 달라지는 비선형 동역학계의 전형적인 예이다. 따라서 일식 예측이 놀랄 만큼 정확한 반면, 일기 예보가 당장 열흘 뒤조차 예측에 실패하는 것은 당연해 보인다. 게다가 확률 개념이나 통계적 접근을 염두에 둔다면 이러한 대비는 피상적인 것일 뿐, 일식과 기상 현상의 본질적 차이를 보여주지 않는다.

불확실성의 위협은 언제나 확실한 지식의 추구를 향한 진일보로 이어지고는 했다. 피론주의와 같은 근본적인 회의주의는 오히려 데카르트와 같은 합리주의 철학으로 이어졌고, 확률적 사유 때문에 불안해 보였던 물리 과학과 생명 과학은 오히려 더 세련되고 발전된 이론으로 혁신을 일으켰다. 불확정성 원리나 불완전성 정리나 미결정성 논제는 확실한 지식의 가능성에 근본적인 문제를 제기했지만, 그것이 곧 확실한 지식을 향한 여정을 그만둘 변명의 이유가 되지는 않는다. 적어도 과학과 수학에 관한 한, 아직은 확실함을 향해 천천히 걸어갈 수 있는 마음의 여유가 우리에게 있는 것으로 보인다.

| 참고 문헌 |

Gigerenzer, G. et al. 1989. *The Empire of Chance: How Probability Changed Science and Everyday Life*, Cambridge University Press.
Goldstein, R. 2005. *Incompleteness: The Proof and Paradox of Kurt Gödel*, Norton;

고중숙 옮김. 2007. 『불완전성: 쿠르트 괴델의 증명과 역설』, 승산.

Hacking, I. 1975. *The Emergence of Probability: A Philosophical Study of Early Ideas about Probability, Induction and Statistical Inference*, Cambridge Univerisity Press.

Kline, M. 1982. *Mathematics: The Loss of Certainty*, Oxford University Press; 심재관 옮김. 2007. 『수학의 확실성: 불확실성 시대의 수학』, 사이언스북스.

김재영. 2001. "한계로서의 확률: 양자역학과 통계 역학의 예", 『과학과 철학』, 제12집, 통나무.

김재영. 2004. "통계 역학의 기초 다시 보기: 메타동역학적 접근", 『과학 철학』 제7권 21~63쪽.

피터 하만. 김동원, 김재영 옮김. 2000. 『에너지, 힘, 물질: 19세기의 물리학』, 성우출판사.

실험실을 벗어난 과학 기술, 확대된 불확실성

김명진 | 시민과학센터 운영 의원

| 들어가며 |

오늘날 과학은 하나의 '특별한' 지식 체계이자 활동으로 널리 믿어지고 있다. 종종 오류에 빠질 수 있는 다른 지식 체계와 달리 과학은 확실하고 신뢰할 만한 지식을 제공하며, 그런 점에서 하나의 모범 사례이자 지식의 척도로 인정받고 있다. 과학이 이처럼 특별한 이유로는 과학이 관찰과 실험이라는 경험적 토대에 근거하고, 이론을 구축하는 과정에서 엄밀한 과학적 방법론을 사용하며, 연구자의 선입관과 편견을 배제하는 독특한 규범을 따르기 때문이라는 설명이 흔히 제시되고는 한다.

그러나 1970년대 이후 과학 지식 사회학의 발전은 그러한 통념에 일침을 놓았다. 이에 따르면 과학 지식의 형성 과정에는 일단의 '사회적' 요인들이 개입하며, 과학을 떠받치는 확고한 토대로 믿어져 온 관찰과 실험은 그 결과의 해석을 둘러싸고 과학자들 사이에

잦은 논쟁이 벌어진다. 주어진 실험이 어떤 가설이나 이론을 입증 내지 반증하는지를 놓고 논쟁이 벌어지기도 한다. 이와 같은 실험 결과의 미결정성에는 실험에 점점 더 크고 값비싼 장치들이 개입하면서 생겨난 실험의 복잡화도 한몫을 담당했다. 사회학자 해리 콜린스와 트레버 핀치가 쓴 『골렘: 과학의 뒷골목』은 실험실 과학을 대상으로 과학 지식 사회학의 여러 사례 연구들을 흥미롭게 보여 주고 있다.

이러한 과학 지식의 불확실성은 과학이 실험실 바깥의 더 넓은 세상으로 나오면 더욱더 확대된다. 가령 과학이 실험실을 벗어나 정책 결정의 근거로서 이용되거나 공학적으로 '응용'되어 새로운 인공물을 만들어 내는 경우가 여기에 해당되는데, 이런 경우에는 실험실에서와 달리 통제 가능한 변인들이 줄어들고 다양한 사회적·제도적 제약 요인들이 덧붙여져 과학 연구와 실행을 둘러싼 불확실성은 더욱 더 커진다. 흥미로운 점은, 일반인들이 일상적으로 접하는 과학은 실험실 과학이 아니라 '실험실을 벗어난' 과학이라는 사실이다. 실험실을 벗어난 과학은 실험실 과학에 비해 사람들의 눈에 훨씬 잘 띄게 되지만 과학과 기술에 얽힌 불확실성은 도리어 커져 과학에 확실성을 기대하는 사람들의 생각과 충돌하는 역설을 낳는다.

이 글에서는 실험실을 벗어난 과학이 갖는 불확실성을 '정책을 위한 과학'과 '사회적 실험으로서의 공학'이라는 두 가지 측면에서 살펴보려 한다. 아래에서는 이들 두 가지 측면이 갖는 특징을 유전자 변형(GM) 식품과 우주 왕복선 챌린저호 폭발 사고를 각각 구체적인 사례로 들어 설명하고, 이러한 불확실성에 어떻게 대처해야 하는지에 대해 생각해 볼 것이다.

| 정책을 위한 과학: GM 식품의 사례 |

20세기 들어 과학 기술의 산물이 사회에 널리 보급되면서, 지금은 거의 모든 정치·경제·사회·문화적 활동이 과학 기술을 매개로 해서 이뤄진다고 해도 과언이 아닐 정도가 되었다. 이에 따라 오늘날에는 과학적 전문성이 정책 결정을 위한 필수 구성 요소로 자리를 잡게 되었다. 여기에는 특히 1970년대 이후부터 합성 화학 물질, 핵발전소 사고, DNA 재조합 실험 등 다양한 종류의 기술 위험에 대한 대중의 우려가 커지고 이러한 위험에 대한 규제가 중요한 정책적 쟁점으로 부상한 것이 크게 작용했다. 조금만 생각해 보면 우리의 일상 생활에 영향을 미치는 아주 많은 결정들이 실제로 과학 지식을 근거로 해서 내려지고 있음을 이해할 수 있다. 가령 공공 장소에서 흡연을 금지하거나, 합성 살충제 사용을 규제하거나, 광우병에 걸린 쇠고기를 폐기하는 등의 결정은 담배를 피우면 몸에 해로운지, 합성 살충제가 환경에 악영향을 미치는지, 광우병이 인간에게도 전염될 수 있는지 등에 관한 과학 연구에 근거를 두고 있다.

이러한 정책 결정에 이용되는 과학, 즉 정책을 위한 과학(science

for policy, 혹은 정책 속의 과학)*1이 통상의 실험실 과학과 여러 가지 측면에서 다르다는 생각은 이미 오래전부터 제기되었다. 1972년에 핵물리학자 앨빈 와인버그는 과학 지식과 정책 결정의 관계를 논하면서 '초과학(trans-science)'이라는 새로운 개념을 제시했다. 와인버그는 과학 기술과 사회와의 상호 작용에서 제기되는 쟁점들 중 많은 것이 "과학에 물어볼 수는 있지만 과학에 의해 답변될 수는 없는 질문들에 대한 답변"에 좌우된다고 지적하면서, 이러한 질문들은 '과학을 넘어서는' 것이라는 의미에서 초과학적인 성격을 갖는다고 썼다. 그는 초과학의 사례를 크게 세 가지 범주로 나눠 제시했다. 답을 얻어내기 위해서는 도저히 감당할 수 없을 만큼 많은 비용이 들어가는 경우(사례: 저준위 방사능이 인체에 미치는 위험), 연구 대상이 너무나 가변적이어서 자연 과학적 엄밀성이 담보될 수 없는 경우(사례: 대부분의 사회 과학 연구), 쟁점들 그 자체가 도덕적·심미적 판단을 포함하는 경우(사례: 어떤 과학 분야를 지원할 것인가 하는 결정)가 그것이다. 그는 그러한 정책 결정에 기여하는 과학자들의 역할이 과학에 의해 확실한 답변이 제시될 수 있는 쟁점들에서의 역할과 다를 수밖에 없다고 보았다.

•1   이 표현은 미국의 과학 정책 전문가인 하비 브룩스가 1964년에 과학과 정부의 관계를 논하면서 과학 자문위원의 역할을 '정책을 위한 과학'과 '과학을 위한 정책'으로 나눈 것에서 유래했다. 전자가 본질적으로 정치적 내지 행정적이지만 기술적 요인들에 중대하게 의존하는 사안들과 관련된 것이라면, 후자는 국가의 과학 활동을 관리, 지원하는 정책의 개발과 관련된 것이다.

와인버그의 선구적인 문제 의식은 1980년대 이후 다양한 개념틀로 발전했다. 정책을 위한 과학이 갖는 상이한 성격을 지칭하기 위해 다양한 용어들이 만들어졌는데, '정책 관련 과학(policy-relevant science)', '지시된 과학(mandated science)', '규제 과학(regulatory science)' 등이 그런 용어들이다. 1990년에 과학 정책학자인 쉴라 재서노프는 이러한 기존의 논의들을 종합해 '규제 과학'과 통상의 '연구 과학(research science)' 사이의 차이점을 체계적으로 제시했다. 그녀에 따르면 규제 과학은 새로운 지식의 생산보다는 기존 지식의 종합(평가, 선별, 메타 분석)과 미래에 대한 예측에 좀 더 초점을 맞추고 있으며, 이 때문에 필연적으로 대단히 많은 불확실성의 요소들을 포함하게 된다.[2] 규제 과학은 제도적·문화적 환경에 있어서도 연구 과학과 다르다. 먼저 지식을 생산하고 인증하는 주체로서 정부와 산업체가 상대적으로 더 많이 관여하기 때문에 대학에서 수행되는 과학에 비해 제도적 압력에 더 많이 노출된다. 또한 규제 과학은 학계의 동료 과학자가 아닌 의회, 언론, 법정, 관심 있는 대중의 요구에 답할 의무가 있으며, 이에 따라 시간 제약이 중요한 요소로 부각된다. 연구 과학은 (연구 자금이나 승진 등의 압박이 있기는 하지만) 상대적으로 무한한 시간 틀을 갖는 반면, 규제 과학은 정책 결정의 필요성에 맞추어 결과를 빨리 도출해야 한다는 압박을 받기 때문이다. 더 나아가

•2 와인버그는 이러한 점에 주목해 "규제 과학이라는 새로운 과학의 지류에서는 증명의 규범이 통상의 과학에서의 규범보다 덜 엄격하다."라고 지적하기도 했다.

규제 과학은 상대적으로 안정된 패러다임 내에서 작업하는 학계의 연구자들과 달리 기존 지식의 한계점 근처에서 작업하는 경우가 많고, 따라서 결과물을 평가하는 기준이 유동적이고 논쟁적이며 때로는 정치적 동기에 의해 지배되는 경향을 보인다. 이러한 분석은 연구 과학에 대한 이상화된 관점에 기반하고 있으며 규제 과학의 양상에서 국가 간에 나타나는 차이를 간과하고 있다는 비판을 받기도 하지만, 그럼에도 정책을 뒷받침하기 위해 수행되는 과학이 규제 기관, 산업체, 과학자 공동체 사이에서 종종 논쟁을 야기하는 이유를 잘 설명해 주고 있다.

오늘날 규제 과학의 특성을 잘 보여 주는 대표적인 사례들로는 합성 화학 물질의 위해성, 고준위 핵폐기물 처리, 유전자 변형(GM) 식품, 지구 온난화 등을 들 수 있다. 여기서는 GM 식품을 예로 들어 규제 과학의 특성이 어떻게 나타나는지를 살펴보도록 하자. GM 식품의 전사(前史)는 분자 생물학자들이 DNA 재조합 기법을 개발해 원하는 형질과 관련된 유전자를 대상 유기체의 DNA 염기 서열에 삽입할 수 있는 기술적 방법이 마련되었던 1970년대 초로 거슬러 올라간다. 곧이어 과학자들과 생명 공학 분야의 기업들은 이러한 기법을 농작물에 응용할 수 있는 방법을 모색하기 시작했고 1980년대 초부터는 본격적인 작물 개발과 함께 몇몇 시험 작물의 야외 포장 검사가 시작되었다. 이러한 과정을 거쳐서 1994년 역사상 최초의 GM 식품인 캘진 사의 플레이브 세이브(Flavr Savr) 토마토가 시장에 출시되었다. 이는 토마토의 숙성과 관련된 유전자를 조작해 토마토가 붉은색으로 변한 후에도 오랫동안 무르거나 상하지 않고 신선함을 유지할 수 있도록 만든 것이었다. 이 작물은 상업성이 없어 시장에서 곧 철수하고 말았지만, 1996년에 출시된 제초제 저항성 작물과 해충 저항성 작물은 시장에서 대성공을 거두었다. 특히 몬샌토 사의 제초제 라운드업과 한 묶음으로 쓸 수 있는 라운드업 레디 작물(대두, 옥수수, 면화, 캐놀라), 그리고 토양 미생물 바실러스 서린지엔시스(Bt)의 독소 유전자를 작물에 심어 넣은 Bt 작물(옥수수, 면화) 등은 지난 10여 년의 기간 동안 기존의 통상 작물을 제치고 재배 면적이 꾸준히 확대되어 농산물 수출국들에서 널리 재배되는 작물로 자리를 잡았다.

그러나 GM 작물의 보급은 재배 과정에서 환경에 미칠 수 있는 위해성과 식품으로 가공되었을 때의 안전성을 둘러싸고 첨예한 논란을 빚어 왔다. GM 작물이 주변 환경에 미칠 수 있는 영향은 여러 가지 차원에서 제기되었지만, 특히 GM 작물이 해충이 아닌 다른 야생 곤충들에게 피해를 입힐 가능성과 GM 작물의 꽃가루가 퍼져 야생 생태계의 식물들을 '오염'시킬 가능성이 중요한 문제로 부각되었다. 이와 관련해 미국에서는 규제 과학의 측면에서 주목할 만한 두 번의 사건이 있었다. 첫 번째는 1999년 5월 미국 코넬 대학교의 존 로지 연구팀이 Bt-옥수수가 제왕나비에 미치는 영향에 관한 연구 결과를 발표한 것이었다. 이 실험에서 자체적인 살충 능력을 갖고 있는 Bt-옥수수의 꽃가루를 제왕나비 유충이 먹는 잎사귀 위에 뿌려 준 결과 유충의 거의 절반이 수일 내에 죽었다. 이런 결과는 제왕나비 유충이 옥수수 잎을 갉아먹는 해충이 아닐 뿐만 아니라 제왕나비가 그 화려한 색깔과 이주 습성으로 인해 매우 사랑받는 나비 종이라는 사실 때문에 매우 큰 충격으로 받아들여졌다. 이에 대해 몬샌토 사를 위시한 생명 공학 산업은 로지 연구팀의 실험이 야외가 아닌 온실에서 이뤄져 Bt-옥수수가 재배되는 실제 환경과 거리가 있다며 반박했고, 이러한 정보를 일반 대중에게 널리 알리는 홍보 캠페인을 전개했다. 그러나 환경 단체와 생명 공학 반대 진영에서는 이러한 해명을 받아들이지 않았고, 제왕나비는 무분별한 농업 생명 공학의 희생양으로서 1999년 시애틀에서 있었던 반세계화 시위에서 다양한 이미지와 의상으로 부각되었다.

두 번째 사건은 2002년 봄에 캘리포니아 대학교 버클리 캠퍼스의 생물학자 이그나시오 차펠라와 데이비드 퀴스트의 논문을 둘러싸고 벌어졌다. 2001년《네이처》에 발표된 퀴스트와 차펠라의 논문은 GM 옥수수에 삽입된 유전자가 멕시코의 산간 벽지에서 채취한 야생 옥수수 종자에서 발견되었다는 내용을 담고 있었다. 이러한 연구 결과는 멕시코 정부가 1998년 이후부터 GM 작물의 재배를 공식적으로 금지하고 있었고, 또 옥수수 유전 자원의 보고인 멕시코에서 유전자 오염이 발생했다는 사실이 처음 폭로되었다는 점에서 충격을 안겨 주었다. 그러나 이에 대한 생명 공학자들의 반발도 만만치 않았다. 이들은《네이처》로 편지를 보내 퀴스트와 차펠라의 논문이 형편없는 실험 설계에 근거해 얻은 데이터를 서둘러 발표하려는 과정에서 만들어진 작품이라며 맹렬한 비난을 가했다. 여기에 더해 생명 공학 산업도 버클리 캠퍼스 내에서 대학과 생명 공학 회사 간의 제휴 관계를 문제 삼은 차펠라의 전력을 들어 차펠라는 과학자가 아니라 생명 공학 반대 활동가라며 깎아내리는 시도를 했다. 논란이 커지자 《네이처》의 편집자인 필립 캠벨은 2002년 4월에 비판적인 논평과 저자들의 답변 및 추가 데이터를 같이 싣고 "독자들 스스로가 과학에 대해 알아서 판단해 볼" 것을 주문하는 사상 초유의 대응 조치를 취했다. 차펠라를 옹호하는 생명 공학 반대 진영에서는 《네이처》가 생명 공학계의 압력에 굴복했다며 재차 비판의 목소리를 높이기도 했다.

이처럼 과학이, 논쟁 속에서 매우 중요한 기능을 하면서도 합의 도출에 실패하며 오히려 갈등을 더욱 증폭시키는 모순된 역할을 담당하는 모습은 GM 식품의 안전성 논란에서 더욱 분명하게 드러난다. GM 식품의 안전성 평가에서 가장 중요하게 부각된 기준은 이른바 '실질적 동등성(substantial equivalence)'의 개념인데, 이는 GM 식품을 그와 유사한 통상의 식품과 비교해 화학적 성분 조성에서 별다른 차이를 보이지 않으면 통상의 식품과 마찬가지로 안전한 것으로 본다는 것을 의미한다. 이 기준이 정해진 것은 GM 식품이 시장에 도입되기 직전인 1990년대 초로 거슬러 올라간다. 1991년에 유엔 식량 농업 기구(FAO)와 세계 보건 기구(WHO)는 전문가 자문 보고서를 통해 GM 식품의 안전성 평가는 건전한 과학적 원칙과 데이터에 근거해야 한다고 천명하면서 안전성 평가의 일환으로 GM 식품을 통상의 식품과 비교해 볼 수 있다는 기준을 제시했다.

1993년에 경제 협력 개발 기구(OECD)에서 발간한 보고서는 이를 하나의 원칙으로 정식화했다. 이 보고서는 GM 식품이 그 원리에서 근본적인 변화를 의미하는 것은 아니며 기존과는 다른 안전성의 기준을 요구하지도 않는다는 입장을 견지하면서 "새로운 식품이나 식품 요소가 기존의 식품 내지 식품 요소와 실질적으로 동등한 것으로 판명될 경우 안전성에 관해 동일한 방식으로 취급할 수 있다."라는 원칙을 제시했다. 이러한 원칙은 각국 정부의 규제 기준에도 반영되었다. 1992년 미국 FDA는 새로운 식물 종자에서 유래한 식품의 안전성 평가에 관한 지침에서, 식물의 유전자 변형에서 나온 성분이 식품에서 통상적으로 발견되는 것과 "실질적으로 유사"하면 이는 대체로 안전한 것으로 인정된다는 입장을 발표했고, 이는 이후 미국의 GM 식품 '자율' 규제를 떠받치는 원칙이 되었다. GM 식품에 대한 사전 승인을 의무화하고 있던 EU에서도 1997년 새로 제정된 지침에서 화학적 조성이나 영양 가치 등에서 기존 식품이나 식품 성분과 실질적으로 동등한 새로운 식품에 대해서는 '간소화된 절차'를 적용하기로 결정했다. '실질적 동등성의 개념'이 자리를 잡으면서 GM 식품의 안전성 평가에서는 화학적 조성 분석이 가장 중요한 도구로 부각되었고, 이처럼 표준화된 기준은 1995년 출범한 세계 무역 기구(WTO)가 추구하는 무역 자유화를 위한 규제의 조율과도 잘 부합했다.

그러나 1990년대 후반 들어 광우병 파동이나 다른 식품 스캔들과 맞물려 GM 식품의 안전성에 대한 논란이 불붙으면서 실질적 동등성의 개념은 소비자 단체와 환경 단체, 비판적 전문가들의 신랄한 공격 대상이 되었다. 소비자 단체들은 비교 대상이 되는 전통적인 식품의 안전성에 관한 기본적인 정보가 충분히 축적되어 있지 않아 실질적 동등성 여부를 평가하기가 매우 어렵다고 지적하면서, 좀 더 엄격한 위험성 평가와 함께 GM 식품의 분리 유통과 표시제를 요구했다. 그린피스 같은 환경 단체 등은 GM 식품의 위험을 광우병의 위험에 빗대면서 예측 불가능한 위험을 담고 있는 농업 생명 공학 자체를 거부하는 태도를 보였다. 이러한 논쟁은 1998년에 영국에서 터져 나온 일명 '푸스타이 사건'을 둘러싼 논쟁에서도 중요하게 부각되었다. 로웨트 연구소의 연구자 아파드 푸스타이는 동물 실험을 통해 GM 식품의 제조에 쓰이는 유전자 변형 과정 자체에 위험이 내포되어 있을 가능성을 제기해 일대 파란을 일으켰다. 푸스타이 사건 이후 1999년 《네이처》에 실린 기고문은 실질적 동등성의 개념을 정면으로 비판하고 나섰다. 이 개념은 생물학, 독성학, 면역학의 검사 대신 화학적 성분 분석만을 강조하고 있고 어떤 성분이 어느 정도로 차이가 나면 실질적으로 동등하지 않게 되는가 하는 기준점을 정의하고 있지 않아 결과적으로 위험 연구를 저해하는 결과를 낳고 있다는 것이었다. 이에 대해 실질적 동등성 개념을 옹호하는 과학자들이 맹렬하게 반발하면서 치열한 논쟁이 벌어졌다.

이러한 움직임은 영국을 비롯한 EU의 여러 국가들에서 GM 식품에 대한 규제를 강화하는 계기로 작용했다. 1998년에 영국의 신

식품 공정 자문 위원회(ACNFP)는 실질적 동등성의 개념을 삽입된 DNA나 단백질이 남아 있지 않은 가공 식품에만 적용되는 것으로 한정하고 새로 삽입된 DNA의 안정성에 관한 검사를 의무화하는 등 규제를 강화했고 이는 곧 EU의 지침에도 반영되었다. 1999년 6월 EU가 GM 식품의 추가 승인을 일시적으로 전면 중단하면서 미국과 EU 간에 무역 분쟁이 빚어질 조짐을 보이자 2000년대 들어 이를 조정하려는 노력이 잇따라 시도되었다. 미국과 EU의 전문가들이 공동으로 참여해 구성된 자문 포럼에서는 실질적 동등성이 곧 추가적인 검사나 규제 감독이 불필요함을 의미하는 것으로 받아들여서는 안 되며 이를 위험 평가 과정의 출발점으로 받아들여야 한다고 지적함으로써 이 개념을 미묘하게 수정했다. 뒤이어 유엔 FAO/WHO 산하 식품 규격 위원회(Codex Alimentarius Commission)는 2000년에 출간된 전문가 보고서에서 유전자 변형 과정에서 나타날 수 있는 의도하지 않은 영향을 잡아내기 위해서는 특정 성분만을 분석하는 현재의 접근법으로는 불충분하다는 점을 인정하면서, 이를 보완하기 위한 다양한 검사 방법들이 필요하다는 점을 지적했다. 2003년 유럽 식품 안전청(EFSA)은 이러한 문서들에 기반해 GM 제품들의 위험성을 평가하기 위한 새로운 지침 초안에서 독성과 알레르기 유발 가능성을 검사하는 구체적인 방법을 제시했다. 그러나 실질적 동등성 개념의 약화가 곧 GM 식품의 안전성을 둘러싼 논쟁의 종결을 의미한 것은 아니었다. 특히 GM 단백질만 추출하지 않고 식품 전체를 동물에게 먹여 보는 독성 실험은 실험의 설계가 까다로워 결과의 해석을 두고 잦은 논쟁을 빚고 있다. 2004년부터 몬샌토 사가 출시한 GM 옥수수 품종 MON863의 안전성 검사를 두고 프랑스의 비판적 과학자들과 환경 단체, EU 규제 당국, 몬샌토가 충돌한 논쟁은 이를 잘 보여 준다.

사회적 실험으로서의 공학: 챌린저호 폭발의 사례

오늘날 많은 사람들은 현대 공학의 산물에 대해 매우 큰 믿음을 갖고 있다. 사람들은 첨단 공학을 응용한 구조물인 고층 빌딩, 화학 공장, 우주 왕복선, 핵발전소 등이 공학자들이 애초에 설계한 대로 정상적인 작동을 할 것으로 기대한다. 간혹 이런 구조물들이 실패를 경험하면 사람들은 공학 그 자체의 한계가 아니라 그것을 다루는 사람의 '실수'나 노골적인 '부정' 혹은 '비리'가 그런 실패의 원인일 것으로 생각한다. 이러한 신뢰는 현대 공학에 대해 엔지니어들 자신이 갖고 있는 자신감을 부분적으로 반영한 결과이다.

이와 같은 자신감과 대중적 신뢰의 근원을 이해하려면 현대 공학의 역사를 조금 거슬러 올라가 볼 필요가 있다. 19세기 초만 해도 엔지니어는 그 수도 적었을 뿐 아니라 아직 전문직으로 자리 잡지 못하고 있었다. 미국의 경우 19세기 초에 운하와 철도의 대대적 건설 붐을 타고 토목 엔지니어(civil engineer)의 수가 빠른 속도로 늘어났으나 체계적인 교육 과정은 거의 없었고 대다수는 독학이나 현장에서의 도제식 교육에 의지해 엔지니어가 되는 길을 걸었다. 변화가 나타나기 시작한 것은 여러 산업 분야에 대한 과학의 응용이 본격화되고 이 분야들에서 대기업이 모습을 드러낸 1880년대부터였다. 이 시기를 전후해 공과 대학을 졸업한 엔지니어들이 대거 배출되기 시작했고, 전기, 화학, 금속 등 새로운 공학 분야들이 등장하면서 엔지니어링의 방법론도 현장 경험과 암묵적 지식에서 수학과 이론적 지식을 중시하는 쪽으로 점차 변화해 나갔다.

이러한 과학적 공학(scientific engineering)의 부상은 한때 전문직 종사자 사회 내에서 전통적인 현장 경험을 중시하는 엔지니어들과 갈등을 빚기도 했다. 그러나 20세기 들어 공과 대학 졸업이 엔지니어가 되기 위한 필수 조건으로 받아들여짐에 따라 과학적 공학은 점차 대세로 굳어졌다. 대학 교육을 받은 새로운 세대의 엔지니어들은 이전 세대와 달리 주먹구구식의 엔지니어링 실천에 의지하지 않음을 뽐내었고, 자신들이 받은 수학과 과학 훈련이 확실하고 견고하며 효율적인 공학 구조물의 건설을 가능하게 한다고 믿었다. 이러한 자신감은 1960년대 이후 전자 계산기와 디지털 컴퓨터가 교육과 현장에 도입되어 공학 설계에 일대 혁신을 일으키면서 더욱 강하게 굳어졌다. 여기에 더해 일반 대중은 하늘을 찌를 듯한 마천루와 아폴로 우주선을 달까지 쏘아올린 거대한 새턴 V 로켓, 전세계를 실시간으로 연결해 주는 통신 시스템 같은 20세기 엔지니어링의 개가를 지켜보면서 현대 공학에 대한 거의 신앙에 가까운 신뢰를 쌓아 나갔다.

그러나 이러한 강한 믿음에도 불구하고 오늘날의 엔지니어링 실천은 여전히 불확실성의 요소를 안고 있으며, 그런 점에서 예기치 못한 실패의 가능성을 안고 있다. 많은 학자들과 엔지니어들이 공통적으로 인정하는 것처럼, 사회에 도입되는 새로운 기술의 모든 세부 사항이 남김없이 이해될 수 있는 것은 아니다. 아무리 많은 시간을 들여 실험실에서 검사를 거치고 시뮬레이션을 하더라도 이러한 시뮬레이션에서 빠뜨린 상황이나 충분히 이해되지 못한 기술의 측면들은 항상 남아 있게 마련이다. 앞서 2절에서 언급했던 앨빈 와인버그도 제한된 자료로부터 미지의 상황으로의 외삽(extrapolation)을 피할 수 없는 엔지니어링을 전형적인 '초과학'의 사례 중 하나로 들었다. 결국 일상적인 활동 속에서 엔지니어들의 임무는 불확실성에 맞서 균형 잡힌 결정을 내리는 것이 되며, 그런 점에서 엔지니어링의 실천은 과학의 요소뿐 아니라 기예(art)의 요소까지도 여전히 포함하고 있는 활동이 된다. 토목 공학자이자 대중 저술가이기도 한 헨리 페트로스키는 이 점에 착안해 엔지니어들이 과거의 실패로부터 부단하게 학습해 예측할 수 없는 미래의 문제에 대처하기 위해 노력할 것을 역설하기도 했다.

　　철학자인 마이크 마틴과 전기 공학자인 롤랜드 신진저는 이러한 문제 의식을 더욱 발전시켜 엔지니어들이 자신의 작업을 일종의 "사회적 실험"으로 접근할 때 불확실성에 좀 더 잘 대처할 수 있을 거라고 주장했다. 이들에 따르면 모든 엔지니어링 프로젝트는 부분적인 무지 속에서 수행되며, 그것의 최종 결과를 미리 내다보는 것은 대부분의 경우 가능하지 않기 때문에 어떤 기술의 최종 검사는 결국 조립 라인을 떠나 최종 사용자에 의해 실제로 사용되었을 때에야 이뤄지게 된다. 이런 의미에서 엔지니어링은 "인간 대상을 그 속에 포함하는 사회적 규모의 실험"이 될 수밖에 없다는 것이다.

엔지니어링 실천에 내포된 불확실성과 '사회적 실험'으로서의 속성은 우주 왕복선 챌린저호 사고의 사례에서 아주 잘 드러난다. 널리 알려진 바와 같이 이 사고는 챌린저호가 1986년 1월 28일 발사 후 73초 만에 공중에서 선체가 분해되면서 승무원 7명이 전원 사망한 비극적인 사건이었다. 이 사건은 아폴로 계획에서 정점에 도달했던 미국의 우주 기술에 대한 자존심을 뒤흔들어 놓았으며, 특히 정식 우주 비행사가 아닌 일반인 탑승자(37세의 초등학교 과학 교사)가 함께 사망해 대중에게 충격을 안겨 주었다. 사고 후 대통령 산하 특별 조사 위원회는 발사 시 우주 왕복선 양옆에서 추진력을 더해 주는 고체 로켓 부스터(SRB)의 연결 부위를 밀폐하는 고무 부품인 오링(O-ring)이 제 역할을 못한 것을 사고의 기술적 원인으로 지목했다. 발사 당일 아침의 추운 날씨 때문에 고무로 만들어진 오링이 탄성을 잃었고 이 때문에 연결 부위 틈새를 밀폐하지 못해 고온의 분사 가스가 틈새로 분출하면서 대형 참사로 이어졌다는 것이었다.

이러한 기본적 사실들로부터 챌린저호 사고의 원인에 대한 대중적 신화가 자라 나왔다. 일반 대중은 오링이 저온에서 탄성을 잃는다는 사실을 밝혀낸 것이 미국 항공 우주국(NASA)의 엔지니어들이 아니라 물리학자 리처드 파인만이라고 믿게 되었다. 파인만은 사고 이후 가진 기자 회견에서 고무줄과 얼음물을 가지고 간단한 '실험'을 해서 이 사실을 '증명'했고, 이는 파인만이 5분도 안 걸려 알아낸 사실을 여태 모르고 있었던 NASA와 하청 회사들에 대한 질타로 이어졌다. 여기에 사고 전날 챌린저호 발사 결정이 내려지는 과정에서 발사에 반대한 엔지니어들이 있었다는 사실이 알려지면서 NASA에 대한 비난은 더욱 높아졌다. 발사 전날 밤에 열린 NASA와 하청 회사 모튼 시어콜 사이의 원격 회의에서 시어콜의 엔지니어 로저 보졸리는 낮은 기온을 이유로 들어 발사를 연기할 것을 주장했다. 그러나 이미 여러 차례 연기를 통해 발사 스케줄 지연의 압박을 받고 있던 NASA와 시어콜의 경영진은 이런 경고를 무시하고 발사를 강행했고, 그 결과는 예견된 참사로 나타났다는 것이었다. 요컨대 챌린저호 사고는 NASA 조직의 관료적 태도와 무지, 독단에 따른 정상적 경로로부터의 '일탈'이자 '인재(人災)'라는 것이 대중적으로 받아들여진 설명이었다.[3]

그러나 이후 챌린저호 사고를 연구한 학자들은 이처럼 단순화된 설명이 크게 잘못되었음을 밝혀냈고, 1996년에 출간된 사회학자 다이앤 본의 책 『챌린저호 발사 결정』은 기존의 해석에 대해 결정적인 비판을 가했다. 그녀는 대통령 조사 위원회 보고서, 하원 과학 기술 위원회 보고서, 그리고 20만 쪽에 달하는 공식 조사 문건

---

[3] 이는 많은 공학 윤리 교과서나 대중 과학서들에서 견지하고 있는 입장이기도 하다.

을 분석해, 추운 날씨에도 불구하고 챌린저호를 발사하기로 한 발사 전날의 결정이 당시의 공학적 자료나 이전까지의 안전 실행에 비추어 볼 때 심대한 일탈이 아니라 여느 조직에서나 일어날 수 있는 지극히 '정상적'인 것이었다는 결론을 내렸다. NASA와 시어콜의 엔지니어들은 우주 왕복선이 처음 발사되기 훨씬 전인 1977년부터 오링의 틈새 문제를 알고 있었다. 그들은 우주 왕복선 발사시 생기는 오링 틈새의 크기를 알아내기 위해 지속적인 실험을 진행했고, 실험 결과의 불확실성을 어떻게 해석할 것인가를 놓고 힘든 협상을 거쳤다. 그 결과 그들은 오링의 틈새와 그로부터 빚어질 수 있는 손상이 '수용 가능한 위험'이라고 보고 우주 왕복선의 발사를 추진했다. 그리고 1981년부터 10여 차례에 걸쳐 우주 왕복선을 성공적으로 발사하는 과정에서 오링이 손상된 사례가 때때로 발견되기는 했지만, 그러한 오링의 손상은 대체로 예측했던 방식으로 나타났고 우주 왕복선의 실패로 이어지지는 않았기 때문에 이는 여전히 '수용 가능한 위험' 내지 '허용 수준 이내의 부식'으로 간주되어 발사는 계속되었다. 악명을 떨친 챌린저호 발사 전날의 원격 회의에서 내려진 결정은 이러한 맥락에서 이해될 수 있다. 원격 회의에 모인 NASA와 시어콜의 관리자들과 엔지니어들은 오링의 행동에 관한 이전까지의 데이터를 머릿속에 넣고 있었고, 보졸리를 포함해 발사에 반대했던 엔지니어들이 발사 중지의 근거로 제시했던 데이터는 이런 기존의 데이터를 뒤집기에는 역부족이었다. 물론 일단 사고가 일어나고 나면 우리는 뒤늦게 이런 판단이 잘못된 것이었음을 알 수 있지만, 그러기 전까지 첨단 기술을 다루는 일종의 사회적 실험에 참여하고 있는 엔지니어들에게 이는 분명해 보이지 않는 것이다.

| 불확실성을 넘어서 |

규제 과학과 사회적 실험으로서의 공학에서 볼 수 있는 것처럼, 실험실을 벗어난 과학 기술에는 실험실 내의 아카데믹한 과학과는 또 다른 차원의 불확실성이 언제나 존재한다. 그리고 흔한 통념과는 달리, 이러한 불확실성은 앞으로 과학 기술이 크게 발전한다고 해도 반드시 사라진다는 보장이 없다. 과학 기술과 사회와의 접점에서 불확실성을 완전히 지워 버리는 것은 난망한 과제라는 이야기다. 오늘날에는 과거와 달리 과학 기술자들 스스로도 이를 상당 부분 인정할 정도로 많이 달라진 분위기를 엿볼 수 있다.

이런 맥락에서 과학 사회학자 브라이언 원의 논의는 상당히 의미심장하다. 1992년에 원은 위험 평가에 내재된 불확실성이 하나가 아니라 여러 가지라고 주장하면서, 이를 크게 위험(risk), 불확실성(uncertainty), 무지(ignorance), 미결정성(indeterminacy)의 네 종류로 나누었다. 여기서 '위험'은 어떤 사건이 일어날 확률을 알고 있는 경우이고, (좁은 의미의) '불확실성'은 주된 변수는 알고 있지만 그것이 일어날 확률은 알지 못하는 경우를 말한다. 이보다 더 큰 문제가 되는 경우는 '무지'인데, 이는 우리가 무엇을 모르는지조차 모르는 경우를 가리키며, 위험 평가에서 아예 무시되어 연구의 대상도 되지 못하는 경우가 대부분이다. 이런 구분에 따르면 GM 식품의 안전성 문제는 '불확실성'과 '무지'가 뒤얽혀 있는 사례라고 볼 수 있다. 마지막으로 '미결정성'은 매개 행위자가 어떻게 행동하는가에 따라 결과가 열려 있어 예측이 불가능한 경우를 가리킨다. 이처럼 다양한 불확실성의 의미들을 고려해 보면, 단순히 더 많은 연구가 더 많은 확실성을 자동으로 보장할 것이라는 생각이 과도한 낙관으로 비치는 이유를 알 수 있다.

그렇다면 실험실을 벗어난 과학 기술에서 결코 피할 수 없는 불확실성에 어떻게 맞서야 하는가? 먼저 과학에 대한 과도한 기대나 확신을 접고 여러 가지 제약 조건에서 이뤄지는 과학 기술 활동의 한계를 인정하는 자세가 필요하다. 불확실한 위험에 대해서는 확실한 증거가 나올 때까지 기다리기보다 예방의 원칙에 따라 대처하는 것이 요구된다. 또한 전문가들의 자문에 절대적으로 의지하기보다는 일반 시민들이 정책 결정에 참여할 수 있는 더 많은 기회를 열어야 한다. 이와 관련해 사회학자인 제리 라베츠와 실비오 펀토위츠의 '탈정상 과학(post-normal science)' 논의는 흥미로운 시사점을 제공한다. 라베츠와 펀토위츠는 오늘날의 사회가 탈정상 과학 단계로 접어들면서 위험의 성격이 달라지고 있다는 이론을 펼쳤다. 이들에 따르면 현재 전 지구적으로 쟁점이 되고 있는 GM 식품, 지구 온난화, 나노 기술 등이 내포하고 있는 위험은 매우 높은 불확실성과 높은 위험 부담으로 특징지어지는데, 이전의 위험들과 달리 이러한 탈정상 과학 단계의 위험 문제에 대해서는 전문가들이 더 이상 정책 결정을 독점할 수 없다. 전문가들조차도 위험의 규모와 성격을 확실하게 알 수 없고, 또 잘못된 결정이 내려졌을 때 빚어질 수 있는 파국적인 결과에 책임을 지는 것이 사실상 불가능하기 때문이다. 이 때문에 탈정상 과학 단계의 도래는 필연적으로 '과학 기술의 민주화'를 요청한다고 라베츠와 펀토위츠는 주장하고 있다.

아울러 첨단 기술의 위험에 대처하는 자세에 관한 사회학자 찰스 페로우의 제언에도 귀를 기울일 만하다. 페로우는 1984년에 출간된 저서 『정상 사고』에서 새로운 기술에 대한 정책 결정에서 위험 평가가 항상 중요한 부분을 차지해야 한다고 주장하면서, 이러한 위험을 세 가지 범주로 나누었다. 대단치 않은 향상만 가지고도 감소시킬 수 있는 위험, 대처하기 위해 중대한 노력을 요구하는 위험, 그리고 어떤 편익도 훨씬 능가하는 위험이 그것인데, 페로우는 앞의 두 가지 범주는 실패로부터 배우려는 노력을 통해 앞으로 실패가 일어날 가능성을 줄일 수 있지만 세 번째 범주의 경우에는 해당 기술을 포기해야 한다고 지적했다. 실수는 어떤 조직에서나 일어날 수 있고 오류와 실수의 가능성은 위험한 작업의 복잡성에 의해 더욱 악화된다. 따라서 오류와 실수의 가능성을 완전히 제거하는 것은 불가능하며, 이런 연유 때문에 어떤 종류의 위험한 작업은 사회가 감당하기에는 너무나 비싼 비용을 치를 수 있다는 것이다.

이는 핵발전이나 그로부터 나온 핵폐기물 처분과 같이 불확실하면
서도 치명적인 사고의 위험을 안고 있는 기술의 미래에 대해 생각
해 볼 수 있는 좋은 틀을 제공해 준다.

| 참고 문헌 |

글릭, 제임스. 황혁기 옮김. 2005. 『천재: 리처드 파인만의 삶과 과학』. 승산.

라베츠, 제롬. 이혜경 옮김. 2007. 『과학, 멋진 신세계로 가는 지름길인가?』. 이후.

마이클스, 데이비드. 이홍상 옮김. 2009. 『청부과학』. 이마고.

마틴, 마이크, & 신진저, 롤랜드. 전영록, 구해식, 전병세 옮김. 2009. 『공학윤리』. 교보문고.

보졸리, 로저. 1999. 「챌린저호 참사: 회사에 고용된 엔지니어의 도덕적 책임」. 데보라 G.
   존슨 편저. 이태식 외 옮김. 『엔지니어 윤리학』. 동명사.

콜린스, 해리, & 핀치, 트레버. 이충형 옮김. 2005. 『골렘: 과학의 뒷골목』. 새물결.

페트로스키, 헨리. 최용준 옮김. 1997. 『인간과 공학 이야기』. 지호.

Collins, Harry, and Pinch, Trevor. 1998. *The Golem at Large: What You Should
   Know about Technology.* Cambridge: Cambridge University Press.

Irwin, Alan, et al. 1997. "Regulatory Science — Toward a Sociological Framework."
   Futures 29: 17-31.

Jasanoff, Sheila. 1990. *The Fifth Branch: Science Advisors as Policymakers.*
   Cambridge, Mass.: Harvard University Press.

_____. 2005. *Designs on Nature: Science and Democracy in Europe and the
   United States.* Princeton: Princeton University Press.

Layton, Edwin T. 1986. *The Revolt of the Engineers: Social Responsibility and the
   American Engineering Profession,* rev. ed. Baltimore: Johns Hopkins University
   Press.

Levidow, Les, et al. 2007. "Recasting "Substantial Equivalence": Transatlantic
   Governance of GM Food." *Science, Technology, & Human Values* 32: 26-64.

Perrow, Charles. 1984. *Normal Accidents: Living with High-Risk Technologies.* New

York: Basic Books.

Vaughan, Diane. 1996. *The Challenger Launch Decision: Risky Technology, Culture, and Deviance at NASA.* Chicago: University of Chicago Press.

_____. 1997. "The Trickle-Down Effect: Policy Decisions, Risky Work, and the *Challenger* Tragedy." *California Management Review* 39: 80-102.

Weinberg, Alvin. 1972. "Science and Trans-Science." *Minerva* 10: 209-222.

Wetmore, Jameson M. 2008. "Engineering with Uncertainty: Monitoring Air Bag Performance." *Science and Engineering Ethics* 14: 201-218.

Wynne, Brian. 1992. "Uncertainty and Environmental Learning: Reconceiving Science and Policy in the Preventive Paradigm." *Global Environmental Change* 2: 111-127.

Yearley, Steven. 2005. *Making Sense of Science: Understanding the Social Study of Science.* London: Sage.

_____. 2008. "Nature and the Environment in Science and Technology Studies." Edward J. Hackett et al. (eds.), *Handbook of Science and Technology Studies,* 3rd ed. Cambridge. Mass.: The MIT Press.

1판 1쇄 찍음 2010년 3월 25일
1판 1쇄 펴냄 2010년 4월 5일

지은이 박성민, 조효제, 박종현, 최정규, 노명우, 이창익, 박상표, 강양구, 김재영, 김명진
펴낸이 박상준
펴낸곳 (주)사이언스북스

출판등록 1997. 3. 24.(제16-1444호)
(135-887) 서울시 강남구 신사동 506 강남출판문화센터
대표전화 515-2000, 팩시밀리 515-2007
편집부 517-4263, 팩시밀리 514-2329
www.sciencebooks.co.kr

ISBN 978-89-8371-237-0 03400